河北省软科学项目《"十四五"河北省科技资源配置及优化研究》（205576138D)成果；

河北省社科院专项课题"加快科技创新催生发展新动能，自立自强筑牢我省'十四五'时期科技战略支撑研究"成果

新发展格局背景下 科技资源配置 及创新体系构建

郭晓杰 ◎ 著

吉林大学
出版社
· 长春 ·

图书在版编目（CIP）数据

新发展格局背景下科技资源配置及创新体系构建 ／
郭晓杰著．－－ 长春：吉林大学出版社，2021.8
ISBN 978-7-5692-8669-4

Ⅰ．①新… Ⅱ．①郭… Ⅲ．①科学技术－资源配置－
研究－中国②国家创新系统－研究－中国 Ⅳ．①G322
②F204

中国版本图书馆CIP数据核字(2021)第162979号

书　　名　新发展格局背景下科技资源配置及创新体系构建
　　　　　XINFAZHAN GEJU BEIJING XIA KEJI ZIYUAN PEIZHI JI CHUANGXIN TIXI GOUJIAN

作　　者　郭晓杰 著
策划编辑　杨占星
责任编辑　张文涛
责任校对　柳　燕
装帧设计　徐占博
出版发行　吉林大学出版社
社　　址　长春市人民大街4059号
邮政编码　130021
发行电话　0431-89580028/29/21
网　　址　http://www.jlup.com.cn
电子邮箱　jlup@mail.jlu.edu.cn
印　　刷　三河市九洲财鑫印刷有限公司
开　　本　787mm×1092mm　　1/16
印　　张　15
字　　数　240千字
版　　次　2021年8月　　第1版
印　　次　2021年8月　　第1次
书　　号　ISBN 978-7-5692-8669-4
定　　价　58.00元

前　言

　　资源是人类社会生存发展的重要依托，同理，科技资源也是推进科技创新活动的重要基础。21世纪以来，以中国为代表的一批发展中国家先后崛起，新兴市场国家势力不断壮大，世界经济版图和势力格局正在发生深刻变化。与之相伴的就是各国竞争程度更加激烈且竞争焦点不断前移，逐渐由经济领域的竞争演变为科技领域的竞争。为此，作为科技活动基础的科技资源的作用逐渐被认识、并被赋予了"第一资源"的历史地位。一般来说，虽然科技资源与其他类型资源相比更具有高产出、长期可重复利用等特征，但依然难以摆脱资源有限性这一本质属性，因此，要想充分发挥科技资源有效性唯有开展科技资源优化配置。

　　当前，我国正进入新发展阶段，坚持新发展理念、构建新发展格局是"十四五"及未来一段时期内的重要内容。在此时代背景下，科技创新在我国现代化建设全局中已居核心地位。而科技创新的高效发展离不开创新体系下的科技资源的优化配置，因此，开展科技资源配置及创新体系构建的相关研究则具有重要的现实意义。本书从新发展格局入手，在阐释科技资源配置相关理论的基础上，对科技人力资源、科技金融资源、科技基础设施资源等进行了较翔实的研究，并重点就科技资源投入产出、科技成果转化、科技资源配置效率、创新体系构建等方面进行了深入论证。

　　本书由九章组成。第一章论述了新发展格局内涵及其对科技创新发展的时代要求。第二章简释了科技资源及科技资源配置内涵，并介绍了用于分析科技资源配置的相关理论基础。第三章至第五章分别对科技人力资源、科技金融资源和科技基础设施资源进行了翔实的研究。第六章重点考察了科技投入产出及科技成果转化模式、机制相关研究。第七章则分析了科技资源配置效率内容及影响因素。第八章从规模、结构、环境三个维度探讨如何提升科技资源配置效率。第九章重点分析如何在构建新发展格局背景下建设完善创新体系。

郭晓杰

2021年7月

目　录

第一章　新发展格局与科技创新

第一节　新发展格局内涵研究

一、新发展格局的提出背景

2020年5月14日，在中共中央政治局常委会会议上，习近平总书记首次提出了"要深化供给侧结构性改革，充分发挥我国超大规模市场优势和内需潜力，构建国内国际双循环相互促进的新发展格局"，自此以后，"新发展格局"日益成为经济社会领域的热词。值得注意的是，"新发展格局"这一范畴是首次提出，但却不是一个临时创造的概念，从时间维度来看，其同时具有历史接续性和未来指导性的双重特征；从空间维度来看，之所以选择在这个时间节点提出新发展格局是因为国内外发展环境的深刻变化。

（一）新发展格局历史溯源

发展离不开循环，好比"流水不腐，户枢不蠹"。众所周知，现代社会下任何一个经济体发展都离不开国内国外的两个市场，两种资源，两类循环，前者是经济体生存发展之根本，后者则为经济体升级提供重要助力。经济发展内驱力使得完全依赖国内循环或国外循环的极端案例几不可见，更多的是根据不同发展阶段、条件、基础对两者施以不同重视程度。中华人民共和国成立七十多年来，我国对国内国际两类循环的战略侧重可粗略划分为三个阶段。

1. 中华人民共和国成立初期至改革开放前

中华人民共和国成立初期，我国发展所面对的基础条件是经济落后、工业基础薄弱、农业凋敝，人民群众温饱问题尚没有解决。与此同时，作为新成立的社会主义国家，我国要面对来自以美国为首的西方资本主义国家的全面封锁、禁运、冻结，对外贸易、技术引进、吸引外资都受到极大限制，特别是朝鲜战争的爆发使得国家安全问题日益紧迫，利用外循环的路径基本被堵塞。在此情况下，我国只能将战略重点放在构建国内循环体系上以促进我国工业大发展，特别是国防工业大发展，与此同时有限度地利用国外循环（主要指苏联）。第一个五年计划实施，特别是"156项工程"的竣工投产[①]，使得我国迅速、集中、全面、系统的建立起门类齐全的工业基础，完成了以大工业为基础的国民经济体系的根本性改组。从1949年到1978年，我国工业化水平迅速提高，重工业产值在工农业总产值中占比由 7.9%提高到42.6%（董志勇、李成明，2020）。1971年，中国恢复了在联合国的合法席位，此后，美、日、英、德等50多个国家先后与我国建立外交关系，打破了西方经济封锁和孤立局面，为改革开放后发展循环战略调整奠定了良好的国际环境。

2. 改革开放至党的十八大以前

1978年，党的十一届三中全会隆重召开。这次会议实现了新中国成立以来我们党历史上具有深远意义的伟大转折，开启了我国改革开放历史新时期。改革率先在农村得到突破，家庭联产承包责任制的实行和推广变革了原有低效率农村集体经济组织形式，乡镇企业喷涌发展迅速填补了计划经济时代遗留下来的供给缺口，农业增产、农民增收、需求范围扩大，市场经济开始发挥资源配置作用，国内循环开始加速运转。与此同时，恰逢经济全球化进程大大加快，为中国介入国际循环提供了契机。一时之间扩大出口参与国际经济大循环成为重要的话题，学界还就参与"国际大循环"的程度或方式展开了一轮激辩（伍山林，2020），偏激进观点认为参与"国际大循环"是我国经济未来发展的重要方向，它可使我国走出二元经济结构导致的两难处境；偏稳健观点则认为要兼顾国内循环和国外循环的双轨联动模式。考虑到我国彼时的要素禀赋、发展阶段、经济条件，出口导向型发展战略的确立成为题中应有之义，特别是2001年中国成功加入世界贸易组织（WTO），极

①陈夕，"156项工程"的尘封记忆[N]，人民政协报，2015-03-12（29）

大激励了我国加大外循环的动力，使得国外循环的地位持续提升，在促进增长、结构调整和技术进步等方面发挥了重要作用。有研究（江小涓，2021）利用中间产品出口比重、外商投资企业出口比重、加工贸易出口比重和对外贸易依存度四个指标变化证实这一时期中国广泛加入全球产业链，并且通过外循环显著提高了就业水平、低收入者收入水平、先进技术设备引进水平等。与此同时，这一时期中国累计实际利用外资金额达1.14万亿美元，不仅成为全球外资最重要的投资目的地，还迅速成长为全球第一大出口国，一跃成为世界制造业中心。

但随着2008年全球金融危机爆发，世界进入"长期性停滞"格局，一时之间诸如民粹主义、孤立主义与保护主义纷纷抬头，贸易与投资的"逆全球化"乱象纷呈，中国经济增长所倚重的外部需求增长疲弱且存在较大波动性（张明，2020），另一方面收入分配差距拉大、产业升级梗阻、生态环境恶劣等问题的出现也使得现有国际大循环战略日益变得难以为继。据此，战略调整的必要性与紧迫性不断加大，反映在国家重大规划上就是2011年发布的"十二五"规划中明确提出"构建扩大内需长效机制，促进经济增长向依靠消费、投资、出口协调拉动转变"。至此，经济发展政策已经逐渐从侧重国际循环向国内国外循环相互协调转变。

3.党的十八大以来的发展阶段

自党的十八大以来，我国经济日益进入新常态，要素禀赋、发展模式、对外贸易等都发生了剧烈变化，主要表现在投资增速持续回落、外部需求增速明显放缓、中美贸易摩擦不断激化等。与此同时，中共中央于2015年在经济工作会议上提出了供给侧结构性改革并于2019年取得重要的阶段性进展，标志着我国开始渐进调整国内循环与国际循环之间的关系（徐奇渊，2020）。2018年，中央经济工作会议上明确提出"要畅通国民经济循环，加快建设统一开放、竞争有序的现代市场体系，提高金融体系服务实体经济能力，形成国内市场和生产主体、经济增长和就业扩大、金融和实体经济良性循环"。这充分表明中央已开始聚焦国内经济循环。此后，2019年政府工作报告、中央经济工作会议都反复提到"释放内需潜力""消费稳定增长""促进强大国内市场"等关键词,并将"释放国内市场需求潜力"与供给侧结构性改革的"补短板"互相衔接起来,为"畅通国民经济循环"提出了具体政策抓手。直至2020年5月首次提出"构建国内国际双循环相互促进的新发展格局",并在同年各类重要会议上反复强调并不断深化(如表1—1所示)。

表1-1 新发展格局的首次提出及不断深化

时间	政策内容
4月10日	中央财经委员会第七次会议指出,国内循环越顺畅,越能形成对全球资源要素的引力场,越有利于构建以国内大循环为主体、国内国际双循环相互促进的新发展格局,越有利于形成参与国际竞争和合作新优势。
5月14日	中央政治局常务委员会会议提出:"充分发挥我国超大规模市场优势和内需潜力,构建国内国际双循环相互促进的新发展格局。"
7月21日	习近平总书记在主持召开的企业家座谈会上强调,要"逐步形成以国内大循环为主体、国内国际双循环相互促进的新发展格局"。
7月30日	中央政治局会议释放出"加快形成以国内大循环为主体、国内国际双循环相互促进的新发展格局"的信号。
8月24日	习近平总书记在中南海主持召开经济社会领域专家座谈会上强调:"推动形成以国内大循环为主体、国内国际双循环相互促进的新发展格局是根据我国发展阶段、环境、条件变化提出来的,是重塑我国国际合作和竞争新优势的战略抉择。"
9月1日	习近平主持召开中央全面深化改革委员会第十五次会议,再次强调要"加快形成以国内大循环为主体、国内国际双循环相互促进的新发展格局,是根据我国发展阶段、环境、条件变化作出的战略决策,是事关全局的系统性深层次变革。"
10月29日	党的十九届五中全会公报中指出:"坚持扩大内需这个战略基点,加快培育完整内需体系,把实施扩大内需战略同深化供给侧结构性改革有机结合起来,以创新驱动、高质量供给引领和创造新需求。要畅通国内大循环,促进国内国际双循环,全面促进消费,拓展投资空间。"
11月4日	习近平在上海中国国际进口博览会开幕式上的讲话中强调:"我们提出构建以国内大循环为主体、国内国际双循环相互促进的新发展格局。这决不是封闭的国内循环,而是更加开放的国内国际双循环,不仅是中国自身发展需要,而且将更好造福各国人民。"

资料来源：根据贾俊生（2020）文献中的材料整理而得。

（二）新发展格局提出的现实基础和背景

党的十九届五中全会提出，全面建成小康社会、实现第一个百年奋斗目标之后，我们要乘势而上开启全面建设社会主义现代化国家新征程、向第二个百年奋斗目标进军，这标志着我国进入了一个新发展阶段。而这一新发展阶段的现实条件和国内国外经济发展环境的新变化成为构建新发展格局的现实基础和时代背景。

1. 从国内情况来看

改革开放四十多年来，我国积累了相对雄厚的物质基础，综合国力已居世界前列。2020年，即便遭受了突如其来的新冠肺炎疫情、世界经济深度衰退等多重严重冲击，我国经济依然实现正增长，全年国内生产总值达到1 015 986亿元，首次突破100万亿元，是世界第二大经济体。据渣打银行的报告预测，到2030年，中国的名义国内生产总值按购买力平价计算将达64.2万亿美元，居世界首位。[①]除此之外，我国已连续11年稳居世界制造业大国首位，并且是全球第一货物贸易大国、世界第二消费市场，利用外资和对外投资也是从无到有，均居世界第二，我国已经形成了超大规模的大国经济基础。而进一步从供需规模来看，我国已经具备了以国内经济循环为主体的基础条件（黄群慧，2021），从生产供给维度看，我国具有最完整、规模最大的工业供应体系，拥有41个工业大类，207个中类，666个小类，成为全世界唯一拥有联合国产业分类中所列全部工业门类的国家，工业经济规模跃居全球首位[②]；从消费需求维度来看，我国拥有14亿人口的规模广阔的国内消费市场，已连续两年人均GDP突破1万美元，中等收入群体规模进一步扩大，对需求多样性和消费升级有较强动力。特别是"十三五"期间，我国消费结构持续升级，消费规模达到新高度，2019年内需对经济增长的贡献率达到89%，其中最终消费支出对经济增长的贡献率为57.8%，中国经济已经具备实施内需拉动型增长模式

[①] 渣打银行：2030年中国经济总量将达美国两倍[N]，参考消息，2019-01-11（04）

[②] 祝君壁，我国已建成门类齐全现代工业体系[N]，经济日报，2019-09-22（03）

的条件。

2. 从国际环境来看

当今世界正经历百年未有之大变局，国际力量对比深刻调整，尤其是"东升西降"是大变局发展的主要方向。一方面，冷战之后的二三十年间，西方国家普遍遭遇发展困境，金融危机、欧债危机致使美国、欧盟等发达国家经济复苏乏力；另一方面，21世纪以来，以中国为代表的一大批新兴国家快速发展，近年来，新兴市场国家和发展中国家对世界经济增长的贡献率达到80%，经济总量占世界的比重接近40%。这种世界力量格局的变化加剧了国家之间的矛盾，与之相伴的就是民粹主义、保护主义抬头、"逆全球化"暗流涌动。特别是近年来美国频繁发动针对中国的贸易战、科技战，妄图打断中国和平复兴崛起的进程，而新冠肺炎疫情暴发进一步加剧了美国对中国的遏制。鉴于此，我们可以判断，改革开放以来我国投资驱动的外向型经济增长模式的生存环境已经发生了重大改变，构建形成以国内大循环为主体、国内国际双循环相互促进的新发展格局已是题中应有之义。

二、新发展格局的深刻内涵

新发展格局是党中央根据国内国际形势变化，从建设社会主义现代化强国的目标出发，提出的重大发展战略。通过对新发展格局提出的时间轴回顾可以发现，中央对新发展格局内涵的阐释也是在不断丰富、完善的过程中，从背景、重大意义、范畴到面临的障碍、突破策略、推进路径、相应政策，从不同维度、不同侧面、不同关系进行了系统论述，最终将新发展格局写进党的十九届五中全会报告中。基于此可以判断新发展格局内涵难以用一句话准确概括，而是需要多层次、多角度、全方位予以阐释。

（一）形成新发展格局离不开畅通性

我们要形成的是以国内大循环为主体、国内国际双循环相互促进的新发展格局，其中"循环"一词至关重要。所谓"循环"指事物周而复始地运动或变化。此处所讲的"双循环"是从循环角度看待经济运行，即"循环"是商品经济的本质属性之一。根据马克思对资本主义条件下单个产业资本循环的经典分析可知生产过程和流通过程的统一不仅促成了单个资本循环，更进一步促成了社会扩大再生产的实现（逢锦聚，2020）。若以此为分析基础拓展开来，当前所讲的"双循环"需要经过四个环节，即生产、分配、流通、消费，不同环节彼此之间相互依存、紧密衔接，任何一个环节的停顿或滞缓，都会影响经济循环实现。因此，考量畅通性成为分析新发展格局内涵的重要内容。然而在实践发展过程中尚存在许多堵点、断点，使得各环节运行不畅通，循环受阻。从生产过程来看，低端过剩与高端不足的结构性问题突出，关键核心技术受制于人日益凸显；从流通过程来看，成本费用贵、智能化水平不高、现代化体系不健全；从分配过程来看，国民收入在城乡、地区间的分配差距问题依然严峻；从消费过程来看，高品质产品和服务有效供给不足，消费市场环境尚不完善，信用体系、产品质量体系等体制机制建设相对滞后。

（二）构建新发展格局需要系统性考量

不同于以往针对某个产业或地区的发展规划，新发展格局是系统性的"整体发展格局"，以经济社会中各环节、各层面、各领域的互联互通为前提，通过国际国内双循环联动，实现国民经济"大循环"的一个有机整体（刘伟，2021）。从空间维度来看。新发展格局既不是片面强调"以国内大循环为主"而大幅度收缩对外开放，也不是仅强调"国内国际双循环"，不顾国际格局和形势变化而固守"两头在外、大进大出"的旧思路，而是要依靠超大规模优势完善内需体系并形成高效畅通国内大循环，以此作为我国参与国际竞争的重要优势积极融入国际循环、带动全球经济发展。从时间维度来看。新发展格局不是被迫之举和权宜之计，而是大国经济发展到一定阶段的必然选择，即当大国发展水平达到一定规模后会更多依靠国内市场，更具有以内循环为主体的突出特点（江小涓、孟丽君，2021）。我国已进入高质量发展阶段，经济规模、物质基础、人力资源、发展韧性、社会大局、制度优势等都为实现国内大循环、国际国内双循环相互促进新发展格局提供了条件和基础。

（三）高质量供求关系是构建新发展格局的着力点

供给与需求是经济健康持续运行的重要路径，供给端和需求端任何一侧出现问题，都会对经济的正常运行造成负面作用。党的"十四五"规划纲要中明确指出，要以满足人民日益增长的美好生活需要为根本目的，就是要通过扩大内需、培育完整内需体系，把实施扩大内需战略同深化供给侧结构性改革有机结合起来。因此，化解中国经济存在的结构性"供需梗阻"，实现高质量供求关系成为构建新发展格局的重要着力点。改革开放四十多年，特别是近十几年来，随着我国市场经济体制的不断完善，我国的内需尤其是消费需求快速增长，2019年，我国消费对经济增长贡献率为57.8%，连续6年成为经济增长第一拉动力，与全球最大中等收入群体规模相伴的是消费的品质化、个性化、多样化特征日益凸显。由此可以判断，消费基础性作用日益显现，内需推动的经济增长格局已经形成（许永兵，2021）。然而，与人民美好生活需要汇集而成的超强国内需求和超大国内市场相比，我国供给体系产能虽然十分强大，但很多供给只能满足中低端、低质量、低价格的需求，智能化、高端化、绿色化的优质商品以及服务型消费未能跟上消费者升级的要求，使得消费者的购买力难以彻底释放。因此，要扭住供给侧结构性改革，同时注重需求侧改革，要以扩大内需为战略基点，激发潜在需要，释放消费潜力，推动消费升级，促进供给和需求实现更高水平的动态平衡。

（四）构建新发展格局要守住安全底线

多年来，因要素禀赋结构和国际环境，我国"两头在外、大进大出"为特征的外循环地位持续提升，在促进增长、结构调整和技术进步等方面发挥了重要作用。但也带来较高对外贸易依存度，以及对技术强国、经济大国、国际市场的过度依赖。2019年，中国外贸总额占GDP（对外贸易依存度）的比重为31.8%，虽然已经比高值时的64.48%（2006年）有较大幅度回落，但与同为大国的美国的18.7%、日本的28%相比依旧较高。这种高依存度、高依赖性使得我国生产易受国际市场波动影响、经济安全风险较大。特别是2020年突如其来的新冠肺炎疫情对我国产业链、供应链安全与韧性提供了一次绝好而严酷的演练机会，让我们愈加清醒认识到原有国际大循环为主的发展格局所暴露出的安全风险和威胁。除此之外，随着我国发展实力不断增强，与美国等西方国家力量对比发生变化，为了维持独霸世界经济科技地位，美国对中国实施了贸易战、科技战，针对中兴、华为等高科技企业进行制裁，并将一批中国企业、高校甚至个人列入"实体清单"。打压、围堵、遏制使中国技术进步面对空前巨大的困难和挑战，"卡脖子"问题已成为我国产业安全和构建新发展格局的制约性因素。因此，要以科技自立自强为抓手，努力实现关键领域核心技术有效突破，推进产业链供应链的国产化和自主化，通过升级改造在国内构筑完整的产业链闭环，铸牢新发展格局的安全底线。

第二节 新发展格局对科技创新发展的时代要求

一、新一轮科技革命的特征分析

当前，世界正经历百度未有之大变局，而发展科学技术则是人类应对全球挑战、实现可持续发展的战略选择。回望历史可以发现，近代以来的几次科技革命对世界格局、全球经济社会发展都带来了深远影响。如今，我们正面临着新一轮科技革命和产业变革，与以往科技革命相比呈现出几个显著特征。[①]

第一，技术突破呈现多领域群发性。当前，大数据、人工智能、生物、新能源、新材料等技术深度演进，前沿引领技术、关键共性技术、现代工程技术等领域从点状突破向链式变革发展，多领域群发性突破带来了催化、叠加、倍增效应。以基因组学、合成生物学、脑科学、干细胞等为代表的生命科学领域的突破性进展正全面提升人类对生命的认知、调控和改造能力。可再生能源、大规模储能、动力电池、智慧电网等能源领域处于重要突破关口，新材料领域正在向个性化、复合化和多功能化方向发展。

第二，重大科技基础设施的广泛应用。由于新一轮科技革命向更多极端方向发展，对于研究手段和工具有了新要求，许多重大理论发现和科学突破越来越依赖于先进的实验装备和重大科技基础设施等科研条件的支撑，根据

---

① 王硕，深度交叉融合，多点群发突破——中科院院长白春礼解析新一轮科技革命特点[N].中国政协报，2020-11-12（07）

统计，物理学化学领域的诺贝尔奖一半都与重大科技基础设施相关。

第三，科技与产业联系日益密切。伴随企业作为技术创新主体地位不断提升，技术要素市场主体发生结构性变化，原有线性科技成果转化形式不断被实践打破，科技成果转化不仅速度加快、转化方式也日益多元。特别是科学、技术与工程并行发展不断加速，致使大量科技成果跨越独立的转化阶段，直接在多场景中用于产业发展。比如量子计算机一旦突破，将推动人工智能、航空航天、药物设计等多个领域实现飞跃式发展。

第四，交叉融合发展成为科技突破新范式。随着科学前沿不断向宇观拓展、微观深入和极端条件加速进阶发展，科学研究的综合性、复杂性显著增强，突破极限的难度越来越大，科技创新进入大融通时代，学科之间、科学和技术之间、技术之间、自然科学和人文社会科学之间、科学技术与产业体系之间日益呈现交叉融合、紧密联系趋势。比如"医工交叉""生物技术与信息技术融合""脑机接口"等案例充分显示了信息、生命、制造、能源、空间、海洋等领域的交叉融合。

二、构建新发展格局与科技创新发展的内在逻辑关系

改革开放以来，特别是党的十八大以来，随着创新驱动发展战略的深入推进，科技创新正成为我国迈向高质量发展的战略支撑和重要动力。当前及未来的一段时期内，我们要构建的以国内大循环为主体、国内国际双循环相互促进新发展格局同样离不开科技创新的推动。究其根本在于，构建新发展格局与科技创新之间有着内在的逻辑关系。

（一）科技创新是构建新发展格局的重要"先手棋"

创新是引领发展的第一动力，抓住了创新，就抓住了牵动经济社会发展全局的"牛鼻子"。党的十八大以来，以习近平同志为核心的党中央把科技创新摆在国家发展全局的核心位置，大力实施创新驱动发展战略，推动我国科技事业发生历史性变革、取得历史性成就，科技实力跃上新的大台阶。一方面，我国科技创新基础日益雄厚，科技创新能力日益增强，一些重要领域跻身世界先进行列，某些前沿领域开始进入并行、领跑阶段。另一方面，在

百年未有之大变局下，不稳定性、不确定性日益突出，世界正处于大发展、大变革、大调整时期，全球科技竞争烈度不断提升。随着我国加快向全球产业链中高端跃升，同发达国家竞争关系逐渐增强，以美国为首的西方国家出于维持世界霸权地位对我国实施一系列科技遏制、甚至封锁，不仅将我国众多高科技企业、高校、个人列入所谓"实体清单"，甚至通过"长臂管辖"限制第三国科技产品、服务对我国的出口，致使我国面临产业链供应链安全问题。基于此可以判断，科技创新在推进我国实现从"站起来"向"富起来"的伟大飞跃中发挥了重要作用。当前，我国已进入新发展阶段，正站到从"富起来"向"强起来"跨越的新的历史起点上，构建新发展格局是实现这一历史跨越的战略决策，而唯有继续大力推进科技创新方可实现历史跨越和战略决策目标。

（二）科技创新是畅通"双循环"新发展格局的关键一着

"双循环"新发展格局是以国内大循环为主体、国内国际双循环相互促进的新发展格局，其核心是供给端产业结构转型升级和需求端内需扩大，通过供给侧结构性改革和需求侧管理，打通堵点，补齐短板，形成需求牵引供给、供给创造需求的更高水平动态平衡。而关键就在于大力提升自我创新能力，以科技创新助力畅通循环，提高供需之间的匹配程度。当前，我国双循环中供给与需求两侧的堵点主要表现在如下方面。

一是关键核心技术受制于人使得国内企业难以提供高质量供给。多年来"两头在外、大进大出"外循环为主的发展模式极大削弱了国内企业创新动力和能力，根据《工业"四基"发展目录》显示，我国在11个先进制造领域中共有287项核心零部件（元器件）、268项关键基础原材料、81项先进基础工艺、46项行业技术基础亟待突破，如高端数控机床、芯片、光刻机、操作系统、医疗器械、发动机、高端传感器等，存在被国外"卡脖子"的问题，这极大影响了我国产业链供应链的安全性稳定性。

二是多维矛盾限制消费潜力的发挥。居民收入水平在初次分配中占比较低，直接制约了居民消费能力，较大城乡居民收入差距限制整体消费量的增长，个性化、差异化、高质量消费品和服务供给不足遏制了城乡居民有效消费需求的满足，医疗、教育、住房等支出持续走高，严重抑制了居民消费能力，中国人民大学以家庭债务占家庭可支配收入的比重计算杠杆率，得出的结论是，截至2017年年末，中国家庭部门的杠杆率（家庭债务/家庭可支配收入）高达110.9%，超过美国家庭部门的108.1%的杠杆率水平。[①]

（三）增强科技资源配置能力是服务构建新发展格局的有力支撑

科技创新离不开科技资源配置，配置能力高低决定了科技创新效果，对科技创新来说，科技资源优化配置至关重要。值得注意的是，这里的科技资源既包括国内科技资源也包括国外科技资源，原因在于中国新发展格局不是封闭的国内循环，而是更加开放的国内国际双循环，要一方面在全球范围内优化资源配置，使国内大循环更加通畅、质量更高；另一方面通过坚持实施更大范围、更宽领域、更深层次对外开放，更好地吸引全球资源要素。当今国际创新格局正在发生深刻变化，全球科技创新呈现出全球化、多极化、数字化等发展态势，虽然逆全球化声音频繁出现，特别是新冠肺炎疫情全球持续蔓延为逆全球化提供有利依据，但全球化历史大趋势不会根本改变，诸如气候变化、全球传染性疾病等重大科学挑战都需要世界各国在更高水平开展科技创新交流，加强合作共同应对。这就要求科技创新资源可以在全球范围内流动、实现优化配置、取得科技创新效益。

经过多年持续投入，我国科技资源基础日益雄厚：从资金来看，我国研发投入规模已居世界第二；从人力资源来看，我国科技人力资源总量稳居世界第一；从科研基础设施来看，以扫描电子显微镜、透射电子显微镜、核磁共振设备为代表的高端仪器快速增长，中国科研仪器整体水平与发展速度已位于世界前列。但科技资源配置方式尚不完善，优化配置效率有待提高，配套措施、中介服务还比较薄弱。因此，优化科技资源配置不仅有利于提升科技创新能力，助力畅通国内大循环，而国内循环越顺畅，越能形成对全球资源要素的引力场，越有利于构建以国内大循环为主体、国内国际双循环相互

---

① 陈鹏，人民大学报告：中国家庭部门杠杆率高达110.9%，华夏时报，2018-06-28，https://www.chinatimes.net.cn/crticle/78063.html

促进的新发展格局，越有利于形成参与国际竞争和合作新优势。

三、新发展格局下科技创新面临的有利条件及突出问题

新发展格局是事关全局的系统性深层次变革，决定着我国"十四五"时期乃至2035，远景目标顺利实现的重大战略抉择。其中，科技创新是构建新发展格局这一重大战略决策的核心。2020年9月，习近平总书记在科学家座谈会上指出，加快科技创新是构建新发展格局的需要，推动国内大循环，科技创新是关键。进入新发展阶段，由于构建新发展格局对科技创新提出了新要求，因此我们有必要深入认识科技创新所面临的新形势。

（一）构建新发展格局科技创新面临的有利条件

随着创新驱动发展战略深入实施，我国科技创新基础得到夯实、创新能力有所提升，取得举世瞩目的创新成就，为新发展阶段构建新发展格局提供了有利条件。

第一，科技投入产出快速提升。从规模看，科技投入规模和创新产出规模持续扩大，2019年，我国研发经费投入达217 27亿元，居世界第二位；而以知识产权为代表的创新产出也取得了长足进步，2019年，我国发明专利申请量达到140.1万件，连续多年稳居世界首位。从强度效益看，我国科技投入强度稳步提升，已经超过欧盟15国平均水平，逐步接近经济合作与发展组织（OECD）平均水平；研发投入效益不断攀升，科技进步贡献率超过60%，对经济社会发展的支撑能力明显增强。

第二，重大科技成果相继问世。从研究类型来看，基础研究和应用基础研究原创性成果取得多点突破，科研实力实现群体性跃升，根据2020年自然指数年度榜单（Nature Index 2020 Annual tables）显示，我国化学、物理、生命科学等领域居世界前列，一批如量子反常霍尔效应、多光子纠缠等重大科学发现促使我国相关基础研究居世界领先地位。从大科学装置来看，中国天眼、上海光源、全超导托卡马克核聚变装置等重大科研基础设施为我国开展世界级科学研究提供了重要物质技术支撑。

第三，战略性技术工程核心竞争力得到较大提升。面向国家重大需要的

一系列战略高技术研究取得突破性成果，天问一号探测器成功着陆火星，使中国成为继美国后第二个成功软登陆火星的国家，我国在行星探测领域进入世界先进行列；"奋斗者"号载人万米深潜使我国成为世界唯一具有超强深海到达和作业能力的国家；深地探测、国产航母、金属纳米材料等正在进入世界先进行列，超超临界燃煤发电、特高压输变电、杂交水稻、海水稻、高档数控机床等技术工程或世界领先，或接近国际先进水平。

第四，创新载体持续完善。平台体系建设日益完善，以国家工程研究中心、国家企业技术中心、国家工程实验室等为代表的产业创新平台体系得到拓展；国家重点实验室体系基本形成，截至2020年，全国有700个左右国家重点实验室，其中，学科国家重点实验室保持在300个左右，企业国家重点实验室保持在270个左右，省部共建国家重点实验室保持在70个左右。①区域创新高地建设取得重要进展，北京、上海、粤港澳大湾区3个科技创新中心建设取得重要进展，根据《全球科技创新策源城市分析报告》对20个全球科技创新中心城市调研显示，北京、上海分列第3、第7位，已进入全球创新策源引领前列；以北京怀柔、上海张江、安徽合肥为代表的一批综合性国家科学中心得到优化布局。

（二）构建新发展格局我国科技创新面临的突出问题

虽然我国科技创新已具备一系列有利条件推进"双循环"新发展格局战略，但不可否认，我国科技领域仍然存在一些亟待解决的突出问题。这些问题的破解与否直接关系到构建新发展格局的进程。

第一，我国科技创新的视野格局尚不适应新要求。纵观人类发展历史可以发现，科技创新始终是推动一个民族、一个国家乃至整个人类社会向前发展的重要力量。回顾中华人民共和国成立七十多年、改革开放四十多年所取得的举世瞩目成就，同样离不开科技创新的巨大推动作用。21世纪以来，全球科技创新进入空前密集活跃的时期，新一轮科技革命和产业变革正在重构

---

① 两部门关于加强国家重点实验室建设发展的若干意见，财政部，2018-06-27，http：//www.gov.cn/xinwen/2018-06/27/content_5301344.htm

全球创新版图、重塑全球经济结构。[①]在此时代背景下，我国无论是在经济社会发展高质量、构建新发展格局、民生改善，还是强化国家战略科技力量、应对日趋激烈的国际科技竞争，都更加迫切需要科学技术提供解决方案。这就对新阶段下的科技创新提出了新要求，即面向世界科技前沿、面向经济主战场、面向国家重大需求、面向人民生命健康。当前，我国科技创新离高站位、宽视野、大格局尚有距离，主要体现在基础科学研究短板依然突出，企业对基础研究重视不够，科技研究低水平重复比较普遍，而具有领先型、原创型的高水平研究不足。科研人员大局观念、问题意识不够，申请项目、开展科研活动容易追逐科学热点，难有创新性，也无法形成有价值的科研成果。

第二，科技资源配置存在诸多梗阻。科研活动离不开人力、物力、财力等科技资源投入，在资源有限性的约束下，科技资源优化配置对科技创新效益有重要影响。近年来，随着经济发展水平不断提高，我国科技创新投入规模也大幅增加，不论是代表科技财力资源的科技研发经费总额，还是代表科技人力资源的研发人员以及科技物力资源的大型科学基础设施，都位居世界前列。但如果从结构视角来看，我国科技资源配置存在与新发展阶段下的新任务新要求不相适应的地方。表现在各领域、各部门、各方面科技创新活动中存在的分散封闭、交叉重复等碎片化现象，科学仪器设备重复购置、共享不足，创新活动中存在着"孤岛"现象，市场还没能在科技资源配置中发挥决定性作用，政府与市场的协同机制还不完善。

第三，基础性关键性研发能力还比较弱。近年来，我国科技实力正在从量的积累迈向质的飞跃、从点的突破迈向系统能力提升，科技创新取得新的历史性成就。但相比于西方科技强国，我国在一些涉及具有原创性的底层基础技术、基础工艺方面能力不足，具体表现在工业母机、高端芯片、基础软硬件、开发平台、基本算法、基础元器件、基础材料等瓶颈仍然突出。除

[①]习近平，在中国科学院第十九次院士大会、中国工程院第十四次院士大会上的讲话，中华人民共和国中央人民政府网，2018-05-28，http://www.gov.cn/xinwen/2018_05/content-5294322.htm

此之外，尽管我国在深海、深空、深地、深蓝等战略高技术领域积极抢占科技制高点并取得新跨越，但关键核心技术受制于人的局面没有得到根本性改变，一些核心技术产品仍高度依赖进口，如高端数控机床、光刻机、操作系统、医疗器械、发动机、高端传感器等，存在被国外"卡脖子"的问题。高端产业虽然取得新突破，但技术研发聚焦产业发展瓶颈和需求不够，以全球视野谋划科技开放合作还不够，科技成果转化能力不强。

第四，科技创新政策体系集成度不高、联动性不足。构建新发展格局是在对要素禀赋、产业结构、发展阶段、发展目标等科学研判基础上对我国未来发展格局提出的方向性策略，其实质就是利用国内市场扩大的规模优势不断提升国内大循环在经济循环过程中的地位，以减少对国外市场、技术的过度依赖，增强我国产业链、供应链安全和提升我国全球竞争新优势。当前，"卡脖子"问题的日益显化与强化与我国多年实施的国外大循环为主的经济发展策略、特别是对关键核心技术长期依赖进口有紧密关系，随着西方世界逆全球化、"去中国化"思潮涌起使得长期过度依赖模式的弱势被放大，导致我国高新技术产业、战略性新兴产业与未来产业发展面临较大的困境（陈劲等，2021）。因此，建立以国内大循环为主体、国际国内双循环相互促进的新发展格局成为应然之举。但需要注意的是，多年来，我国针对自立自强攻克关键核心技术的政策供给不足，更谈不上政策之间的联动性、集成性。当面对日益突出的"卡脖子"问题时，还没有形成对不同产业类型的卡脖子问题的甄别与分类设计思路。我国科技管理体制还不能完全适应建设世界科技强国的需要，科技体制改革许多重大决策落实还没有形成合力，科技创新政策与经济、产业政策的统筹衔接还不够，全社会鼓励创新、包容创新的机制和环境有待优化。

第五，创新体系不平衡发展日益凸显。所谓创新体系是指由各类科技创新主体在政府—市场协调运作下紧密联系和有效互动而构成的社会系统。从理论溯源来看，著名创新经济学家克里斯托夫·弗里曼（Christopher Freeman）在其著作《技术政策与经济绩效：日本国家创新系统的经验》中首先提出"国家创新体系"这一概念。该范畴提出蕴含两个现实逻辑：一方面现代科学爆发式发展，各类与科研活动密切相关的组织规模迅速扩张、相互联结成网，一切新技术的发现、引进、改良和传播都通过这个网络中各个组成部分的活动和互动得到实现；另一方面，在科技资源有限性的约束下，国家创新体系有助于优化配置资源，取得更大科技创新效益。我国较晚开展国家创新体系建设，并在《国家中长期科学和技术发展规划纲要（2006—2020年）》中对国家科技创新体系内涵进行界定。十九届五中全会进一步指出未来一段时期内要完善国家创新体系。当前，我国创新体系发展过程中存在的问题主要表现在：产学研一体化深度融合还有待加强，科技成果产业化市场化"最后一公里"瓶颈依然没有打破；创新能力的区域性差距日益扩大，根据《2020中国区域创新能力评价报告》显示，我国区域创新能力领先地区与落后地区的差距没有明显缩小，东中西部创新能力的差距基本处于固化状态的同时，南北创新能力的差距呈现阶段性扩大的特点。

四、构建新发展格局下我国科技创新的努力方向

构建新发展格局是我国新发展阶段的战略决策，其最主要的目标就是畅通国内大循环、国内国际双循环相互促进。而这一目标的实现则需要发挥科技创新第一动力作用，打通各类堵点、障碍，以高质量供给引领和创造新需求。因此，这就对我国科技创新未来发展提供了新的努力方向。

（一）自立自强突破关键核心技术瓶颈，增强科技战略支撑底气

关键核心技术是国之重器，是要不来、买不来、讨不来的，唯有自主创新。依靠自立自强尽快突破关键核心技术瓶颈，是科技发挥战略支撑的重要体现，也是我国跻身创新型国家前列重要保证。

一是推进科技资源集聚关键核心领域。从我国发展阶段出发，按照有所为有所不为的方针，聚焦我国5G、新能源汽车等重点产业链，加快布局基础软硬件、先进材料、核心零部件等重点领域的科技攻关突破，形成一批具有标志性技术成果；以急需的重大科技项目为抓手，努力抢占人工智能、量子科技、集成电路、生命健康、脑科学、生物育种、空天科技、深地深海等前沿领域的科技制高点。

二是厚植基础研究土壤。习近平总书记曾指出"基础研究是整个科技创新体系的源头，是所有技术问题的总机关"。我国要继续加大财政对基础研究的投入，放大财政资金乘数效应；完善对国家重点实验室、技术创新中心等平台载体的稳定支持机制；加快推进我国"双一流"高校培育建设，创新发展高水平研究型大学和新型研究组织。

三是加快科技体制机制集成变革。深化科技计划管理改革，推动项目、基地、人才、资金等创新资源聚焦聚力关键核心技术领域和环节；优化创新科技项目组织管理方式，对涉及关键核心领域的重大攻关项目采取竞争立项、定向委托、组阁揭榜、悬赏挂帅等多种模式；完善金融支持创新体系，推动科技金融助力关键核心技术瓶颈突破。

（二）推动企业创新主体倍增提质，提高科技战略支撑韧性

习近平总书记在湖南考察时强调："自主创新是企业的生命，是企业爬坡过坎、发展壮大的根本。"企业自主创新能力提升可以有效增强科技战略支撑的韧性。

一是加快实施创新型企业梯度培育工程。着力培育一批标志性创新型领军企业，在继续实施高新技术企业和科技型中小企业双倍增计划基础上开展"树标提质"，推动高新技术企业提质增效，依托高质量孵化平台和专业化服务孵育创新型中小微企业，培养一批创新能力强、科技含量高、成长性好的潜在独角兽企业或瞪羚企业。

二是鼓励企业加大基础研究投入。引导龙头企业特别是已经处于行业技术前沿的企业充分发挥企业家精神积极开展基础研究，构建完善有助于企业加大基础研究投入的政策体系，继续深入落实研发费用加计扣除、固定资产加速折旧等普惠性研发激励政策，尽快制定出台针对企业基础研究的税收优惠政策。

三是构建以企业为主体的产学研深度融合技术创新体系。鼓励企业采用产业联盟、技术中心、联合实验室、新型研发机构等多形式、多模式开展与大学、科研机构合作创新；深化激励机制、评价机制改革，激发科研人员创新创业活力，积极开展面向经济社会发展主战场科研攻关，消除科研成果封

闭自我循环的"孤岛现象"。

（三）激发人才自主创新集聚裂变，夯实科技战略支撑根基

习近平总书记反复强调"人才是第一资源"，并指出"国家科技创新力的根本源泉在于人"。科技人才自主创新活力的迸发是科技发挥战略支撑的根本保证。

一是深入推动落实科技人才分类评价机制改革。引导各类高校、科研院所深入落实中央、省有关人才分类评价相关制度，鼓励有条件的高校、科研院所探索推行代表作评价制度，突出标志性成果的重要贡献和影响。

二是加快研究实施产业科学家培育工程。基于我国产业体系完备、工业化体系不断完善的国情，应探索开展研究并实施产业科学家培育工程，既为激发企业科技人才自主创新热情提供精神动力，又为科技人才在高校、科研院所与企业之间流动提供制度保障。

三是健全科技人才激励机制。加大力度推广职务发明成果权益分享机制在高校、科研院所深度实施，强化"权属"分享激励作用；推动高校科技成果转化管理部门职能改革，充分发挥其链接科学研究与产业需求的桥梁作用；积极探索高价值专利培育机制，从关注专利申请数量到更加注重专利申请质量转变，提升专利质量层次。

（四）推进区域科技协同创新格局纵深发展，形成科技战略支撑合力

习近平总书记指出"自主创新是开放环境下的创新，绝不能关起门来搞，而是要聚四海之气、借八方之力。"因此，要着眼区域协同和国际合作。

一是着力打造国内区域科技创新共同体，充分依托北京怀柔、上海张江、安徽合肥等综合性国家科学中心和粤港澳大湾区综合性国家科学中心先行启动区建设，积极发挥北京、上海、粤港澳大湾区创新源头作用，临近地区加快开展高水平中试基地建设，有效推动区域内创新链产业链融合发展；全力打造国家科技成果转移转化示范区——京津冀、长三角、珠三角成果转移转化的大平台、大载体；推进建立京津冀、长三角、珠三角技术交易市场联盟，实现技术交易市场一体化，探索北京、上海、粤港澳大湾区科技成果

在临近地区转移转化的成本分担和利益共享机制，大幅提高科技成果孵化转化成效。

二是继续积极开展国际科研合作，当前全球化、国际科技合作总趋势并没有发生变化，对于涉及人类共同命运的重大问题，比如气候变化、人类健康等都需要各国通力合作，特别是新冠肺炎肆虐对于全球疫情防控和公共卫生领域国际科技合作提出要求。因此，要继续坚持对外开放，开展国际科技交流，在交流中验证完善，提升我国的自主创新成果。

第二章　科技资源配置的理论阐释

第一节　科技资源及其配置的内涵研究

一、科技资源及科技资源配置的界定

（一）科技资源界定

毋庸置疑，任何生命体生存和发展都离不开各类资源，可以说没有资源就谈不上人类及社会的生存发展。由于人类具有的社会属性，我们所依赖的资源既包括狭义的资源，比如水、土地、矿产、动物、植物等自然资源，也包括人力资源、资本资源、信息资源等广义资源，可以说我们所需要的资源是有形资源和无形资源的总汇（周寄中，1999）。纵观历史可以发现，近代以来的几次工业革命都离不开科技的强大支撑（张晓玲，1999），特别是随着科学技术的迅猛发展，科学技术在促进经济发展中的作用不断增强。21世纪以来，以中国为代表的一批发展中国家先后崛起，新兴市场国家势力不断壮大，世界经济版图和势力格局正在发生深刻变化。与之相伴的就是各国竞争程度更加激烈且竞争焦点不断前移，逐渐由经济领域的竞争演变为科技领域的竞争。在此背景下，作为科技活动基础的科技资源的作用逐渐被认识、并被赋予了"第一资源"的历史地位（周寄中，1999）。

对于如何定义科技资源（science & technology resources），学界进行了一些研究。从内容特性来讲，科技资源可定义为直接或间接推动科学技术进步从而促进经济发展的一切资源，包括一般意义的劳动力、专门从事科学研究的人员、资金、科学技术存量、信息、环境等（孙宝凤，2001）。由于科技资源属于资源利用目标约束型概念，其内涵与外延广泛，一些学者尝试从系统性特征来刻画科技资源内涵。朱付元（2000）提出科技资源是科技人力资

源、科技财力资源、科技物力资源、科技信息资源以及科技组织资源等要素的总和，是由科技资源各要素及其次一级要素相互作用而构成的系统。刘玲利（2008）认为科技资源是科技活动的基础，能直接或间接推动科技进步进而促进经济和社会发展的一切资源要素的集合。还有一些学者从制度视角对科技资源内涵予以界定，比如钟荣丙（2006）认为，以往的科技资源的界定，没有考虑制度和市场两大变量，忽略了制度政策和人文环境两大因素，并将制度政策资源也列入科技资源范畴之内。

（二）科技资源配置的界定

在现有生产技术条件下，人们可获得的资源规模具有最大可能边界，即资源是稀缺的。这就要求人们按照一定的规则或机制对有限的资源进行分配组合以最大限度地发挥资源效率，这一过程被称为资源配置。科技资源作为资源的一种类型同样面临着稀缺性，而科技资源不同于其他类型资源之处在于其具有高产出、长期可重复利用等特征，且对经济社会的影响更为深远（王蓓、陆大道，2011），科技资源配置有效性对于经济社会可持续发展、增强国家自主创新能力、建设创新国家都有重要意义。因此，对于科技资源配置开展研究具有重要的现实意义。

通过对现有研究进行梳理可以发现，学界对于科技资源配置内涵界定既有重叠又有差异。重叠之处体现在配置内容，包括人力资源、财力资源、物力资源、信息资源等，差异性则体现在对科技资源配置的不同研究维度和视角。有从空间维度界定科技资源配置内涵，认为科技资源配置是指将科技资源在区域的科技活动主体、时空阶段等的分配与组合（刘玲利、李建华，2007）。有从创新全链条维度，认为科技资源配置是在一定时期内，通过一定的方式，实现科技资源在不同活动主体、不同科研活动环节、不同学科领域、不同区域间的分配与组合（丁厚德，2008）。有从创新需求维度，认为科技资源配置是各类科技资源在不同科技活动主体、领域、过程、空间、时间上的分配使用，以推动资源配置效能最大化，使其更适应科技与经济的发展需要（沈赤、娄钰华，2010）。有从体制机制维度出发，认为科技资源配置是指在一定的经济体制、科技体制及其运行机制下使科技资源产生正向效果、效率的调配方式，是科技资源在科技活动的不同部门、主体、领域、过程、时空的分配与组合（陈喜乐、赵亮，2011）。

二、科技资源的分类

通过对相关研究分析可以发现，科技资源的内涵和外延随着科学技术发展的不断推进而日益丰富，体现了学科领域众多、类型种类繁多、结构差异较大的特点。为了研究的方便，对科技资源进行分类成为科技资源配置研究领域的基础性工作。由于科技资源的特点，现有关于科技资源分类的研究并没有形成统一的分类标准。

刘玲利（2008）是较早系统开展科技资源分类的学者，其结合以往相关文献对科技资源及科技活动的认识与理解，认为科技资源要素应当包括科技人力资源要素、科技财力资源要素、科技物力资源要素、科技信息资源要素、科技市场资源要素、科技制度资源要素和科技文化资源要素等七大类资源要素，并依据创生主体和内容特点两种划分标准对科技资源进行更为详细的分类（如图2—1所示）。

除此之外，陆续又有其他一些学者根据不同标准对科技资源分类开展研究。比如有从内容出发，根据"三要素论""四要素论""五要素论""七要素论"对科技资源进行分类（董明涛等，2014）。有学者（王志强、杨青海，2016）从开放共享与标准化视角将科技资源分为科技实物资源（如大型精密仪器）、科技信息资源（如科技文献、科学数据）和科技服务资源（如科技成果转化服务）。

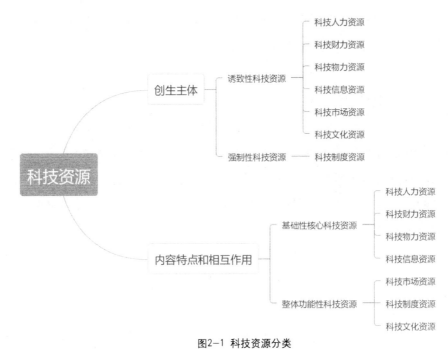

图2-1　科技资源分类

资料来源：根据刘玲利《科技资源要素的内涵、分类及特征研究》内容整理

第二节　科技资源配置的相关理论基础

一、公共物品理论

根据萨缪尔森（Samuelson）、马斯格雷夫（Musgrave）等人对公共物品的定义可知，公共物品是相对于私人物品而言的，是指私人不愿意生产或者无法生产而由政府提供的、社会中所有消费者均具有同等消费机会且不会被个体长久占用的服务或产品，包括国防、治安、法律制度、公共基础设施、社会保障和公共福利制度等。尽管在公共物品理论的发展过程中形成了对公共物品的不同分类方法，比如按照非竞争性和非排他性的程度、公共物品的受益范围、公共物品的存在形式和公共物品的使用功能等，但"非竞争性"与"非排他性"已成为公共物品理论的主流分类方法（张琦，2015）。鉴于此，公共物品按照非竞争性和非排他性的程度可分为纯公共物品和准公共物品。前者指同时具有消费的非排他性和非竞争性的物品，如国防、法律秩序

等；后者指只满足非排他性和非竞争性之一的物品，准公共物品是介于私人物品和纯公共物品之间的一种物品形式，是指具有有限的非竞争性和非排他性的物品。有学者（楚永生、张宪昌，2005）根据非竞争性和非排他性程度强弱又对准公共物品又进一步划分为准公共物品Ⅰ和准公共物品Ⅱ，前者呈现非竞争性强而非排他性弱的特征，现实案例有邮政、社会保障等；后者呈现非竞争性弱而非排他性强的特征，现实案例有公园、电信等。

之所以公共物品理论可以用于指导科技资源配置，原因在于早在20世纪60年代以阿罗（Arrow）为代表的一批经济学家就发现科学研究具有公共物品属性（布朗温、内森，2017），他们认为分享科学研究不会削减其价值，而一旦科学研究为公众所享，很难轻易地排除其他人对它的使用。进一步推动科学研究的科技资源同样具有非排他性和非竞争性，有研究（张贵红等，2015）指出，几乎所有类型的科技资源都具有非排他性和非竞争性，如文献、科学仪器、科普网站等。因此，用公共物品理论分析科技资源基本属性并对其进行细分，可以有效探索不同科技资源提供形式，以实现其经济价值最大化。

二、产权理论

产权理论是新制度经济学的重要部分。哈德罗·德姆塞茨是较早对产权给出明确概念界定的经济学家，他认为产权是一种社会工具有助于一个人在与他人交易时形成合理预期，清晰的产权界定就是划定人们如何受益以及受损，因而在交易发生时能够明确谁必须向谁提供补偿以使他修正人们的行动（杨继国、黄文义，2017）。这一定义反映了产权的社会性：一方面，产权是由社会规则体系约束和保障的；另一方面，产权是一项排他性的权利，反映的是人与人之间的规则约束，其本质是人与人之间的权利关系。一般来说，产权可分为私有产权、共有产权、集体产权、政府产权、公有产权等几种类型。

产权理论之所以适用于科技资源配置领域，根本原因在于创新具有外部性。一般而言，创新主体的研发成果多以新思想、新知识、新想法等无形产品的形式存在，这就使其极易发生扩散传播，发生溢出效应。另一方面，科技资源存在归属主体多重性特征，使其在流动与交易过程中亟须得到产权界定，否则难以形成监督机制。彭华涛（2006）在对区域科技资源产权问题深入分析指出，科技资源虽然隶属于行政部分却无具体代表者，另外科技资源的跨区域流动也增加了产权复杂性。陈光等（2013）则利用产权理论分析如何提高大型科研仪器使用效率问题。大型科研仪器作为科技资源的一种一直存在使用效率不高的问题，原因在于其所有权与控制权分离，一方面科研仪器多由公共财政资助购置，国家享有所有权，另一方面仪器的实际控制权多在课题组层级，这就需要理顺产权关系，推进开放共享力度，提高资源使用效率。

三、博弈理论

博弈论的基本概念包括参与人、行动、战略、信息、支付函数、结果、均衡。参与人指的是博弈中选择行动以最大化自己效用的决策主体（可能是个人，也可能是团体，如国家、企业）；行动是参与人的决策变量；战略是参与人选择行动的规则，它告诉参与人在什么时候选择什么行动（如"人不犯我，我不犯人；人若犯我，我必犯人"是一种战略，"犯"与"不犯"是两种不同的行动，战略规定了什么时候选择"犯"什么时候选择"不犯"）；信息指的是参与人在博弈中的知识，特别是有关其他参与人（对手）的特征和行动的知识；支付函数是参与人从博弈中获得的效用水平，它是所有参与人战略或行动的函数，是每个参与人真正关心的东西；结果是指博弈分析者感兴趣的要素的集合；均衡是所有参与人的最优战略或行动的组合。上述概念中，参与人、行动、结果统称为博弈规则，博弈分析的目的是使用博弈规则决定均衡。

博弈的划分可以从两个角度进行：第一个角度是参与人行动的先后顺序。从这个角度来讲，博弈可以划分为静态博弈（static game）和动态博弈（dynamic game）。静态博弈是指博弈中参与人同时选择行动，或虽非同时但后行动者并不知道前行动者采取了什么具体行动；动态博弈是指参与人的行动有先后顺序，且后行动者能够观察到先行动者所选择的行动。第二个角度是参与人对有关其他参与人（对手）的特征、战略空间及支付函数的知识。从这个角度来讲，博弈可以划分为完全信息博弈和不完全信息博弈。完全信息博弈指的是每一个参与人对所有其他参与人（对手）的特征、战略空间及支付函数有准确的认识；否则，就是不完全信息博弈。将上述两个角度的划分结合起来，我们就得到四种不同类型的博弈，也就是完全信息静态博弈、完全信息动态博弈、不完全信息静态博弈和不完全信息动态博弈。与上述四类博弈相对应的四个均衡概念，即纳什均衡、子博弈精炼纳什均衡（subgame perfect Nash equilibrium）、贝叶斯纳什均衡（Bayesian Nash equilibrium）和精炼贝叶斯纳什均衡（perfect Bayesian Nash equilibrium）。博弈的分类及对应的均衡概念。

四、系统理论

早在20世纪20年代就出现了系统思想，但直到30年代才由奥地利理论生物学家贝塔朗菲正式提出一般系统论的概念。自此之后，一批物理学家、生物学家、化学家从不同领域和视角不断推进系统论的深入发展（何盛明，1990）。由于系统研究应用的多学科特点，并没有一个唯一的关于系统的定义，但总体上认为系统是由一组有限元素组成，这些元素之间具有相互作用关系，并组成了一个具有整体性、关联性、环境适应性、目的性、层次性等特征的有机整体（江勇，2020）。因此，系统理论是研究系统的一般模式、结构和规律的学问，它研究各种系统的共同特征。

相比于其他理论来说，系统论对于科技创新的应用指导意义更大。原因在于，科技创新是由包括高校、科研机构、政府、企业在内的众多主体共同参与，这些主体之间相互联系、相互作用，并在一定的制度环境、社会人文环境中一起推进创新发展。因此，系统论在科技创新许多应用领域都有所体现。

第一，科研管理方面。从系统论视角来看，科研管理不仅是过程，更是一个自组织系统（晏如松，2006）。科研管理系统主要包括科研人才、科技资源、成果、课题、管理等要素，这些要素在一定的科研环境中通过特定的组织结构实现科技创新、服务经济、发展社会的功能。有学者（曹希敬，2020）利用系统理论分析过科研项目管理，认为科研项目管理是由预算管理、过程管理和评估管理三要素组成，其中项目预算管理很好反映了系统的整体性、开放性和目的性。

第二，科技资源共享方面。科技创新发展离不开科技资源，而资源稀缺性决定了科技资源配置的必然性，其中资源共享可以看作是优化科技资源配置的重要途径（杨传喜，王敬华，2010）。所谓科技资源共享就是将现有各类科技资源进行整合，使不同创新主体共同享有科技资源使用权，分担创新成本，分享创新收益，以实现科技资源的高效使用和管理（郑长江、谢富纪，2009；杨勇，2009）。由于科技资源的共享涉及资源投资建设者、拥有者、服务者和使用者等要素，要素之间存在着利益和观念的调整并结成网络体系，并在一定的制度环境、法律环境下发挥科技资源高效利用的功能。可以说科技资源共享体系基本符合系统论的要素、环境、结构、功能四个维度。

综上可以发现科技资源配置就是要经过系统科学实践，把实现系统的优化作为自己的一种目的和现实追求，从优化设计到优化计划、优化管理、优化控制，最终是为了实现优化发展。科技资源配置是一个有机系统，主客体之间要相互适应和互相匹配，形成更加高级有序的整体结构，使配置系统的整体功能发生质的飞跃。

第三章　科技人力资源配置管理研究

第一节　科技人力资源内涵界定及分类

一、科技人力资源概念内涵界定

科技人力资源是国家和地区创新驱动发展最核心的要素之一，是构建创新体系的重要组成部分，是推动科技事业发展的最重要战略资源，也是社会经济发展的主要动力，其规模和素质是衡量一个国家综合国力和发展潜力的重要指标。因此，对科技人力资源的研究也是创新经济研究领域的重要内容。

早在20世纪五六十年代部分发达国家和国际组织就开始重视科技人力资源的研究。美国国家科学基金会（NSF）从1957年开始进行博士学位人员统计调查，经济合作与发展组织（OECD）于1964年发布《为调查研究与发展（R&D）活动所推荐的标准规范》（又称《弗拉斯卡蒂手册》），为推动科技统计迅速、规范、标准发展奠定了基础，其中就制定了专门针对R&D人员的统计调查制度，即《科技人才资源手册》。随后，联合国教科文组织（UNESCO）认为全世界多数国家和地区所开展的科技活动范围更广，因此更加有必要对科技活动人员内涵进行界定。1995年，OECD和欧盟统计局（EUROSTAT）发布了《科技人力资源手册》，提出科技人力资源是正在从事或有潜力从事科技活动的人员数量，认为满足以下两个条件之一的人员即为科技人力资源：一是完成自然科学相关专业高等教育的人员；二是虽然不具备上述资格但从事通常需要上述资格的科技职业或科技活动的人员，并从"资格"维度提出科技人力资源的受教育程度和学科专业，从"职业"维度界定科技人力资源从事的科技相关职业，成为国际上第一个关于科技人力资源统计的标准和规范（张静、邓大胜，2021）。

近些年来，国内也有很多学者从不同的角度对科技人力资源概念进行了研究，为我们理解科技人力资源内涵界定提供了很大的帮助。徐爱萍和高爽（2012）对现有相关研究进行梳理并认为当前学术界对科技人力资源的内涵主要有四种观点，一是历史沿袭，认为科技人才是"才华杰出者"；二是依据学历，认为大学以上学历科技工作者是为科技人才；三是人才管理，以专业技术职称为科技人力资源的认定标准；四是以才能和实绩为依据。陈强等（2017）则从科技创新人力资源视角开展研究，认为虽然科技人力资源比科技创新人力资源的含义更广，但却可以在统计上实现统一，即科技创新人力资源可以借助科技人力资源的内涵进行定义，并且可根据科技人力资源与科技活动人员、R&D人员等指标的关系开展分层次分析。

因此，综合上述研究可认为科技人力资源是指实际从事或有潜力从事系统性科学和技术知识的生产、发展、传播和应用活动的人力资源。从构成来看，既包括掌握核心关键技术和引领产业发展的高层次领军人，也包括各行各业规模宏大的具备一定知识和科学素养的普通科技人才；既包括主要从事研究开发的科学家工程师，也包括宽泛意义下从事科技知识生产、发展、传播、转化、应用和管理等相关活动的人员；既包括实际从事科技活动的劳动力，也包括可能从事科技活动的劳动力。

二、科技人力资源分类

《战国策·齐策三》有云"物以类聚，人以群分"。现代人才资源管理理论也指出在人力资源管理诸环节（引进、评价、激励等）都离不开人力资源分类。当前，随着科技创新日益成为经济发展的核心动力，科技人力资源的作用日益凸显，进而对于科技人力资源的分类研究成为重要议题。对于科技人力资源的分类，不同的国家、地区、机构以及学术界都有不同维度的探索。

国外一些学者比较早地开展了科技人力资源分类研究，比如日本学者菅野文友认为科技人力资源可分为三类①（王通讯，1986）：第一类属于面窄专深型，即某一专业领域内造诣较深，但知识面宽度不够；第二类属于面宽专浅型，即知识面较宽但专业深度不足；第三类属于面宽精进型，即有专业深度也有知识宽度。美国学者班克罗夫特（W.D.Bancroft）等人则认为科技人力资源可分为"直觉型"和"条理型"，前者只要运用想象和直觉来探索解决问题的方法，后者则通过循序渐进积累知识，利用逻辑推理揭示结论与假说之间的关系②（王通讯，2007）。新近的一些研究将科技人力资源根据其所从事的工作和资格分为科学家和工程师、技术员、辅助人员三类。同时，还应接受教育水平和学科领域分类，以及依有关科技活动领域按职业、人数、国籍、性别、年龄等分类，并对各分类标准做出了规定。

国内一些学者在借鉴吸收国外研究成果基础上也开展了对科技人力资源分类研究的探索。黄忠远（2006）借鉴OECD的分类方法将科技人力资源分为科技理论研究人才、科技推广人才和科技实用人才。杨丽娟（2007）从内容和学历两个维度对科技人力资源进行分类：从内容来看科技人力资源可分为从事科技活动人员、科技领域专业技术人员（包括工程、农业、卫生、科研和教学人员五类）、研究与试验发展人员（包括课题活动、科技行政管理、科技服务人员等）；从学历来看，科技人力资源分类与我国高等教育层次相一致。程岳和王选华（2013）对特定创新区域内的科技人力资源进行分类研究，认为分类标准既要考虑现有存量人才，又要考虑为适应新兴科技业态出现而超前布局、引进和储备的增量人才，因此将科技人力资源划分为创新型领军人才（国际级、国家级、地方级）、创业型领军人才、创新创业青年英人和科技服务高端人才。张欣、贾永飞等（2020）借鉴创新链研究视角将科技人力资源分为基础研究型、应用研究型、技术开发型和成果转化型四类。除此之外，还有从地区结构、执行部门、学科领域、能级、职类、性别、年龄、性格等方面对科技人力资源进行分类。

---

①王通讯.论科技人才分类的意义[J].中国科技论坛.1986（01）

②王通讯.人才使用的科学与艺术[J].中国人才.2007（03）

三、科技人力资源的特点

在竞争日趋激烈的今天，各国对科技人力资源的重视达到了前所未有的程度。我国各地区也纷纷出台优惠政策来吸引科技人才，比如江苏省苏州市推出人才新政策，本科学历可"先落户后就业"，高端人才和急需人才直接参照个人薪酬按比例给予重奖。究其原因，是基于科技人力资源有其自身的特殊性。作为人力资源的一个特殊群体，科技人力资源除了具有人力资源的共性，诸如自然属性、社会属性的双重性、再生性、周期性、增值性等之外（彭冰、李晓东，2016），还由于以下一些特性而应当成为今天和未来世界最重要的一种人力资源。

（一）科技人力资源是科技的载体和创新者

科学技术是第一生产力，科技人力资源作为知识与科学技术的承载者，不可避免地成为一个组织未来制胜的关键，因为它代表了组织所拥有的专门知识、技能和能力的总和，而且它与科技和知识的无形相比，是真实存在并能加以管理、培训和开发的。同时，一个组织如果始终能够高度重视科技人力资源的开发与管理及其机制的建设，通过人力资源政策和具体细致的人力资源工作，发挥并提升人力资源的潜能，就可以发挥并释放科技人力资源的创新能力。创新性这一特性是与"高智力性"密切相关的。科学技术活动的本质，是一种创造性、创新性的劳动，这就决定了科技人力资源，特别是其中的研究开发人员，所应具备的创新特性。当然，在科技人力资源群体中，又依据科技活动划分为研究开发活动、成果转化应用活动和科技服务活动而分为相应的子群体。其中，研究开发活动（包括基础研究、应用研究和试验开发活动）的创新性劳动程度最高。因此，研究开发人员，特别是其中的研究开发科学家、工程师是创新性很强的群体。

（二）科技人力资源对经济增长具有高效性

人是生产力中最活跃、起决定性作用的因素。在现代社会，人力资源已超过其他经济资源，成为经济增长新的支撑点，对经济增长可以发挥倍数效应。主要原因在于科技人力资源质量提升和数量增加有助于创新的形成，并在规模效应下对经济增长产生促进作用。并且，科技人力资源开发会影响产业化集约化发展，有利于生产效率提高进而促进经济高质量发展。

（三）科技人力资源具有结构稀缺性

世界上最宝贵的资源莫过于人力资源了。国家和民族振兴的成败、企业的兴衰，人力资源是起决定作用的因素之一，科技人力资源尤为重要。经过多年发展，我国科技人力资源数量大幅度增加，根据《科技人力资源发展研究报告（2018）》显示，截至2018年，我国科技人力资源总量达到10 154.5万人，规模继续保持世界第一。然而，与社会主义市场经济的巨大需求相比，与全国人民强国富民的迫切要求相比，我国的科技人力资源虽然数量巨大，但是却存在着结构性稀缺，比如科技人力资源密度偏低，每万名就业人员中科学研究与试验发展（R&D）人员全时当量仅为52人/年，R&D研究人员占科学研究与试验发展（R&D）人员全时当量的比重为43.1%，而主要发达国家的这一数值均超过50%。除此之外我国科技人力资源在地域分布和行业分布上有严重的不均衡性，很大程度上制约了我国的发展。

（四）科技人力资源具有高素质和高智能性

科技人力资源由于受过较高层次的教育和培训，从而能够在科学技术活动中从事创造性劳动、创新性工作。这在知识经济时代显得尤为重要，科技人力资源必将成为社会发展的主要推动力已成为不容置疑的事实。科技人力资源是现代经济中最为活跃的生产要素，是促进生产力发展的主要源泉。科技人力资源作为劳动者中的高素质群体，不仅有一般的生产要素所具有的"生产功能"，而且具有其他生产要素不具备的"效率功能"，即科技人力资源要素具有提升自身及其他生产要素效率的独特功效，他们是科技发明、传播和应用的前提条件。只有高素质的人的因素和高效能的物的因素相结合，才能大大提高生产力的水平，提高劳动生产率，为社会创造更多的财富。同时，一个高素质的科技人力资源，关键是能够把学到的知识、拥有的技术、掌握的信息、积累的经验以及创新的精神运用到实际工作中去，通过创造性劳动为社会发展和人类进步实现创新价值。开创性精神，创新性思维，创造性劳动，即高智能性，是现代科技人力资源的一个特点。

第二节　科技人力资源配置理论概述

一、人力资本产权理论

（一）人力资本产权含义

人力资本产权和人力资本是两个既相互区别又相互联系的概念。人力资本是凝聚在人力资本所有者身上的知识、经验和技能等；而人力资本产权旨在研究拥有这些人力资本的人与其人力资本的关系、不同人力资本所有者之间的关系以及人力资本所有者与非人力资本所有者之间的关系（刘大可，2001），即：人力资本产权是市场交易过程中人力资本所有权及其派生的使用权、支配权和收益权等一系列权利的总称，是制约科技人力资源行使这些权利的规则，本质上是人与人之间社会经济关系的反映（黄乾，2000）。

（二）人力资本产权的权能结构分析

人力资本产权与一般产权相类似，包括人力资本的所有权、使用权、处置权和收益权等。

1. 人力资本所有权

所谓人力资本所有权是指人力资本的所有者排除他人对自身人力资本的占有控制权，它确定的是人力资本的归属问题。是否拥有人力资本所有权的一个基本标志是人力资本所有者能否通过人力资本实现自己的愿望。人力资本所有权属于人力资本价值补偿的范畴，表现在特定的历史条件下获得劳动力生产和再生产所必需的生产资料的权利。这是人力资本产权的基础，也是其他权能顺利实施的前提条件。

2. 人力资本使用权

人力资本使用权是指产权主体在权利所允许的范围内，以各种方式使用人力资本的权利。在企业里，人力资本使用权是最有实际意义的产权权利，企业最关心的也是人力资本的使用权问题。由于人力资本是一种主动资产，当人力资本所有者的其他权利得不到实现时，其承载者就会将人力资本关闭起来，使人力资本贬值甚至荡然无存。由此可知，其他权利的满足和实现是人力资本使用权充分行使的根本保证。

3. 人力资本处置权

人力资本处置权指产权主体在权利所允许的范围内，以各种方式处置人力资本的权利，主要包括以下几个方面。

第一，改变人力资本存在地点的权利，人力资本可以在不同地区、行业、企业和部门之间进行自由流动。

第二，改变人力资本存在方式的权利，人力资本产权主体可以根据自己的意愿使人力资本处于使用状态或者闲置状态。

第三，改变人力资本内容的权利，人力资本的承载者可以对人力资本进行再投资来提高其自身的人力资本存量。

人力资本处置权反映的是承载者在变更人力资本财产的过程中所产生的权利和义务关系。

4. 人力资本收益权

人力资本收益权是指人力资本产权主体享有由人力资本使用而产生的经济利益的分配权。收益权是人力资本产权的目的性权能，是人力资本产权实现的核心，收益大小对人力资本产权主体的激励有非常重要的作用。人力资本的收益权问题是关于人力资本所有者，尤其是人力资本稀缺程度较高的技能型人力资本、研究开发型人力资本以及经营管理型人力资本能否以及如何分享企业利润的问题。企业中人力资本产权价值实现的关键就是要确保人力资本的收益权。高人力资本存量所有者除了得到维持其生存和发展必需的工资外，还应占有一部分剩余价值，获取利润是人力资本收益权的本质所在。

二、人力资本价值理论

科技人力资本价值不仅具有人力资本价值的一般特点，同时又有其特殊性，这种特殊性，奠定了科技人力资源流动的基础。

（一）人力资本价值

人力资本最本质的特性就是其具有价值——在经过人力资本投资过程、消耗社会必要劳动时间和相应的资源后，人力资本具备了内生价值和外生价值。

内生价值是指在人力资本形成过程中，没有一个明确的投资主体，或者说并没有一个有意识的、准备收回其成本及收益的投资主体，就将投资主体归纳为人本身。从这个意义上讲，内生价值主要有三种形式（何耀明，2010）：天赋人能、自然造化和自我教化。由于人是处于纷繁复杂的社会环境中，人与人之间相互对照、相互影响、相互促进、相互教化，价值生成是在潜移默化中完成的，尤其是在现代文明社会，人与人之间直接或者通过某种组织发生的"示范效应"越发重要，自我教化在内生人力资本价值形成中也越来越重要。

外生价值则是由明确的投资主体对人力资本所有者进行明确的投资所形成的价值。因此，外生价值的形成主要是成长及教化投资、医疗保健投资、学校教育投资、职业培训投资、信息和迁移投资等，投资渠道一般有政府投资、个人投资、企业投资、社会团体及慈善机构投资等。人力资源的外生价值依赖于内生价值而存在，只有内生价值与外因共同作用，外生价值才能建立。内生价值的存在是外生价值得以形成的基础，是外生价值的载体，又通过外生价值表现出来；外生价值是对内生价值的开发，是对内生价值的发挥，通过内生价值发挥其收益性效用。

人力资本载体的自然人在进行市场交易后，应把人力资本作为一种商品，则人力资本的价值由基本价值、使用价值、交换价值和创造价值四种形态共同构成。这四种价值体现在不同的个体身上，组成不同的动态价值结构。

基本价值：从人力资本的形成角度出发，基本价值来自人力资本受教育和训练而不断积累的人力资本知识、能力和社会资本，其高低取决于形成它的社会必要劳动时间。基本价值是确定人力资本价值的主要依据。

使用价值：从基本价值转化角度来分析，人力资本一旦进入劳动领域，其所具有的基本价值，将通过特定的劳动对象、劳动资料不同程度地转化为使用价值，即参与商品的生产与流通，将自身的价值物化到商品中去，从而具有社会意义。

交换价值：从转移到商品中的价值量与劳动报酬的关系角度来分析，商品在生产和流通的过程中的每一环节，劳动者都要付出一定的劳动量，即转移一定的价值量。按照"按劳付酬"的社会法则，企业要按一定比例付酬。

创造价值：从人力资本所创造的经济效益分析，在企业与劳动者之间存在着人力资本价值的不等价交换，能使人力资本的创造价值得以实现，即商品的增值量减去人力资本的交换价值，就是人力资本创造的价值。

（二）科技人力资本价值

1. 科技人力资本价值的定义

科技人力资本也具有价值，即科技人员能力的价值，其价值在于科技人员能够运用自身的这种能力，为社会、组织、企业创造价值。科技人力资本在创造价值的过程中，通过相互交换使自身的价值进一步得到了确认。因此，科技人力资本价值是指科技人员作为科技人力资本的载体，在人力资本形成和积累过程中的投资以及充分运用自身的能力在未来某一特定时期内为社会和企业创造的价值。

科技人力资本的价值具有个体价值和集体价值两个层次的含义。就科技人员个体而言，科技人力资本价值是通过各种人力资本投资凝结于科技人员人体中的价值存量，包括内化于科技人员体内的素质和知识，以及能产生价值的技能、经验和科研能力等，是人力资本长期投资积累的结果，科技人员可以以此参与生产和科技活动，并产生、创造或获取价值。就科技人力资本集体价值而言，科技人力资本价值体现为增量的概念，是指科技人员凭借个体人力资本的内在价值为所在组织和社会创造新的使用价值的能力，即给所在组织和社会带来的产出效益。为组织和社会创造的效益和价值越大，科技人力资本的价值越大，因此科技人力资本的存量是产出增加的基础。

2. 科技人力资本价值的类别

同一般人力资本一样，科技人力资本价值由内生价值和外生价值共同组成，但又具有其特殊内涵。

在科技人力资本内生价值的形成过程中，并没有一个明确的、有意识的准备收回其成本及收益的主体，所以科技人力资本的内生价值投资主体一般是指科技人员本身。与内生价值相对应,通过明确的投资主体,有目的地对科技人力资本的所有者进行投资所形成的价值称为外生价值。形成外生价值的主要影响因素有:学校教育投资、职业培训投资、家庭成长及教化投资、医疗保健投资等,投资的渠道一般有政府投资、企业投资、社会团体、个人投资等。

从内生价值和外生价值的关系来看,一方面,科技人力资本的外生价值依赖于内生价值,外生价值存在的前提是内生价值与外在影响因素发生共同作用;另一方面,外生价值要通过内生价值发挥其收益性效用,是对内生价值的发挥和对内生价值的开发;内生价值则是外生价值的载体,是外生价值得以形成的基础。内生价值只有通过外生价值才能表现出来。

在作为科技人力资本载体的自然人一旦进入交易市场完成了交易,科技人力资本就转化为一种商品。同其他商品一样,科技人力资本的价值也是由基本价值、交换价值、使用价值和创造价值四种形态共同构成。

基本价值:对科技人力资本而言,基本价值也取决于形成它的社会必要劳动时间,具体则由科技人力资本本身所具有的知识、能力、技能和健康情况组成。

交换价值:在科技推广和流通环节,科技人力资本都要付出一定的劳动量,才能实现科技人力资本科研成果的普及和流通。企业就需要为其按一定比例支付薪酬。

使用价值:科技人力资本在进入社会或企业生产领域后,从基本价值转化的角度来分析,科技人力资本将凭借其具有的知识和技能,通过研发新产品、新技术等活动,将其基本价值不同程度地转化为使用价值。

创造价值:科技人力资本在劳动过程中会创造出一定的经济效益,而且所创造的经济效益会大于科技人力资本的交换价值,用商品价值的增值量减去人力资本的交换价值,就是科技人力资本在创新活动中创造的价值。

科技人力资本在未进入市场进行交易时,科技人力资本价值是指知识、能力和社会资本的存量价值。科技人力资本价值是对科技人力资本所有者具有的知识、能力、社会资本的一种综合评价,既包括非货币性度量,也包括货币性度量。

3. 科技人力资本价值的实现

人力资本概念的核心是知识，人力资本价值实现过程表现为知识在不同人力资本单位之间的转移、互动、整合与创新所实现的目标。

个体人力资本与团队人力资本通过知识转移和共享进行互动。知识互动主要存在三个途径：通过企业集成知识库进行互动、通过正式的面对面交流进行互动和通过知识交易进行互动。知识互动发生在个体人力资本之间及个体人力资本与团队人力资本之间，而个体人力资本与组织人力资本、团队人力资本与组织人力资本之间则经由知识整合与知识创新实现知识应用。知识创新是知识共享与知识交易的升华，三者是紧密联系在一起的，他们的总体目标是通过知识这种载体发挥科技人力资本价值。三者有一定的层进关系，知识共享与转移是最基础的人力资本价值转移，知识交易则往往是转移较为复杂的知识，知识创新在个体人力资本价值基础上实现了新知识的创造。知识转移、共享、整合与创新的过程正是人力资本价值实现的过程。

三、人力资源流动理论

人力资源流动主要是指人力资源以就业和职业发展为目的，在不同地域、产业、部门、单位和具体岗位之间的流动状态和过程（陈力，2011）。人力资源流动可以影响到一个组织人力资源的有效配置，组织以人力资源流动来实现员工队伍的新陈代谢，保持组织的效率与活力。根据流动方向不同，人力资源流动包括流入、流出以及组织内部的变动；根据流动类别，人力资源流动分为地理流动、职业流动、社会流动；根据流动范围，人力资源流动可分为宏观流动、中观流动和微观流动。科技人力资源作为具有较高人力资本的劳动力资源，通过合理流动实现科技人才与创新物质资料的优化组合，从而产生最大的创新效益。在这一过程中，科技人力资源既实现了自身价值，又改善了人力资源的配置结构，最大限度地发挥了人力资源利用效率。

人力资源流动有助于促进人力资源有效配置，而对于人力资源流动能够现实发生则有很多理论解释。美国学者勒温借用磁场作用理论提出人力资源流动的"场论"，即人力资源所处环境与绩效相关，若环境较差导致人才流动以改善绩效。美国管理学家克雷顿·奥尔德弗（Clayton Alderfer）则在马斯洛需求层次理论基础上提出新的人本主义需要理论，即"ERG"理论，其中E指生存（existence）需要、R指相互关系（relatedness）需要、G指成长发展（growth）需要，奥尔德弗认为如果现有环境不能满足一个人的上述三大核心需要，他便会去寻找另一个可以满足其需要的环境，从而出现了人力资源流动。其他还有卡兹的组织寿命曲线、申松义郎的目标一致论、库克曲线等都从不同视角对人力资源流动动力机制进行了研究。与此同时，国内学者对人力资源流动发生机制也进行深入探讨，比如黄永军（2001）提出人才流动的饱和度趋衡定律，认为当组织人才饱和度相对较高时，该组织总体表现出人才的外流倾向，相反则表现为人才的流入倾向。

四、人力资源配置绩效管理理论

人力资源配置目的在于做到人尽其才、才尽其用，最大限度地发挥人力资源作用。因此，人力资本配置效率则成为用于考察配置目标是否实现的重要内容。鉴于此，人力资源配置绩效评价则成了人力资源配置研究领域的重要一环。现有一些研究尝试从不同理论视角对人力资源配置绩效开展研究。

劳动力供求理论。该理论是人力资源配置的基础，在完全市场经济理想状态下，仅凭市场价格可自动实现人力资源供求平衡，达到人力资源配置最优解。但由于内部劳动力市场的存在，使得完全依靠市场自身力量难以达到最优状态，需要政府适当干预，打破内部劳动力市场，提高人力资源配置效率（彭定新，2014）。

帕累托最优理论。意大利经济学家维弗雷多·帕累托在分析经济效率和收入分配研究中最早使用了帕累托最优（Pareto Optimality）这一提法，也称为帕累托效率（Pareto efficiency），是指资源分配的一种理想状态，即假定固有的一群人和可分配的资源，从一种分配状态到另一种状态的变化中，在没有使任何人的境况变坏的前提下，使得至少一个人变得更好，这就是帕累托改进或帕累托最优化。人力资源配置的帕累托最优指的是这样一种状态：人力资源在某种配置下不可能通过重新配置来使本组织效用变大而不损害组织部分部门的利益或整个组织的利益（王爱华，2010）。

除此之外还有一些研究从契约理论、代理人理论、利益相关者理论、信息不对称理论、激励理论、博弈理论、学习型组织理论等视角对人力资源配置开展研究。

五、人力资源配置效率评价方法

一般而言，不同的资源配置方式会造成不同的配置效率，而配置效率的高低又在很大程度上决定着能力的强弱。但如何衡量、判断人力资源配置效率也是学界比较关注的研究内容。目前，关于人力资源配置效率的评价方法可分类如下。

用比较分析法探讨人力资源配置。较多学者使用这一方法开展资源配置效率评价，多选取资源配置规模、强度、结构方式、运行模式作为评价指标，以国家或区域为参照系进行横向比较，或用不同时期历史数据进行纵向比较（雷睿勇、罗敏、邹吉鸿，2004）。

从结构优化的角度分析科技人力资源配置。利用结构理论为研究基础，以总产出效益最大化为目标，选取科技活动人员总数、科研经费投入等为指标，并特别区分基础研究、应用研究与试验开发研究，利用实证方法对科技地区科技人力资源配置效率进行结构性分析。

资源配置有效性的DEA分析。DEA（data envelopment analysis）又称数据包络分析，是运筹学和研究经济生产边界的一种方法，多被用来测量一些决策部门的生产效率。目前，不少学者将这一方法用于评价人力资源配置有效性。其基本方法是使用样本单位的投入、产出数据，用数学模型进行评价，以确定样本单位资源使用的有效性，并定量指出非有效的原因和程度（师萍、李垣，2000）。

除了上述方法之外，还有诸如边际分析法、区域分析法等也用于分析人力资源配置效率。

第三节　科技人力资源配置机制研究

一、我国科技人力资源配置现状

中华人民共和国成立以来，特别是改革开放四十多年来，随着科技投入力度不断增加以及教育制度改革，我国科技人力资源发展迅猛，早已从科技人力资源相对稀缺的国家日益成为科技人力资源大国。当前，我国有科技人力资源总量达10 154.5万人，科技人力资源规模连续12年保持世界第一，其中普通高等教育是科技人力资源培养的最主要渠道。

从专业结构上来看，全部科技人力资源中具有工科背景的人力资源占比最高，可达到54.1%。从年龄结构上来看，我国科技人力资源年轻化程度较高，其中39岁及以下人群超过四分之三，为我国"十四五"及未来更长时期实现从人口红利向人力资本红利转变提供了坚实基础。从性别结构来看，研究生女性科技人力资源超过一半，且未来女性科技人力资源所占比重会进一步提升。从区域结构来看，我国科技人力资源培养存在分布不均衡，东部地区培养总量大、密度较高，中部地区相对均衡、各省培养总量与密度差异较小，西部地区培养总量小、密度低。科技人力资源呈现区域聚集状态，主要集中在环渤海、长三角、广东、陕西和湖北等地区。北京、上海、广州、武汉是最为吸引科研人员流动的城市。

二、科技人力资源配置机制

（一）科技人力资源配置的市场与政府相互关系

改革开放四十多年，我国科技人力资源行政垄断、行政配置的传统方式日益淡化，随着市场经济改革不断深入推进，特别是自党的十八大以来，以市场作为科技人力资源配置的有效方式正在占据主流，市场在科技人力资源配置中的决定性作用正在形成。科技人力资源市场是提供科技人力资源信息，实现科技人力资源就业、流动以及劳动关系确立、变化和调整的市场、机制、制度等的综合，是有形载体与无形机制的统一体，其核心是市场机制，即市场在科技人才资源配置中起决定性作用。

通过市场机制对科技人力资源进行配置，并不是说政府就可以对科技人力资源的配置撒手不管。纯市场化的科技人才资源配置并不能克服市场机制本身固有的缺陷，也不能有效排除影响市场化机制运行的外部配套环境因素，很难实现对科技人才资源的完美配置。相反，在市场经济发育较好的发达国家，为了市场的稳定及突出科技人才资源的重要性，政府部门都设立了相应的科技人才资源管理机构，并且配套出台了专门的科技人才政策，以保证科技人才资源的合理配置和有效利用。以美国为例，二战前后，美国就着手吸引全球科技人力计划，并陆续制定实施了一系列技术移民政策，比如1994年发布的《符合国家利益的科学》政府文告，确立了"造就21世纪最优秀的科学家和工程师"和"提高全体美国人民的科学技术素养"的人才开发战略目标，2015年发布《美国国家创新战略》鼓励私人部门创新。这些政策措施的实施吸引了各国科技人才纷纷涌入美国，为美国成为世界创新强国提供了坚实的科技人力资源支撑。所以，我国需要充分发挥政府在培育和发展科技人才市场中的引导作用，推进科技人力资源的市场化配置进程，促进科技人力资源市场与政府相互协同促进的关系（王飞飞等，2017）。

（二）科技人力资源配置机制构成研究

一般来讲，在科技人力资源配置优化过程中大致要经历引进、培养、使用、激励等流程，每一流程所采取的具体机制共同构成了人力资源配置机制。近年来一些学者对此也有探索。有些学者（高丹，2014）提出高层次创新型科技人才团队的形成模式分为内生式、聚合式和移植式三种，在此基础上提出领军人才的选拔培养机制、创新型科技人才团队建设资金保障机制、人才载体和创新平台的发展机制、激励人才自主创新的人才评价和薪酬分配机制、健全有效的知识产权核心技术保护机制等机制。也有些学者（李国志、赵又晴，2013）认为高层次科技人才具有鲜明的个性和群体性特征，对人才环境具有较强的感知与判断力，直接关系着人才作用发挥与流失。地方政府及用人单位应通过健全人才政策及其管理体系，做好育才、引才、留才和用才工作，从而维护好人才环境，促进人才队伍良性发展。

1. 科技人力资源引进机制

科技人力资源引进即识别、发现并引进科技人力资源的一系列活动。企业或组织需要不断吸收新生力量，为自身适应市场的需要提供可靠的科技人才资源保障，所以引进科技人才资源是科技人才资源配置的第一关口。只有先引进合适的科技人力资源，实现人与工作的相互匹配，才能为科技人力资源配置的其他环节打下良好的基础。科技人力资源引进的实质是寻找到适合某一工作的人员并把他们安排到合适的岗位上，使他们发挥自己的价值。从世界范围看美欧等科技创新强国都曾在促进科技人力资源引进方面实施过重要战略，比如美国灵活的H–1B签证计划吸引全球高科技人才进入美国，欧盟实施"地平线2020"计划不仅促进欧盟内部科技人力资源加速流动，助力企业人才引进，同时也吸引了欧盟外部的高水平科技人力资源集聚到欧盟工作。可以说从当前全球人力迁移路线来看，欧美依然是最大的科技人力资源流入地。相比之下，我国尚处于落后位置，不论是从国际学术地位、话语权还是科学创新环境对全球科技人力的吸引力还不足。

近年来我国国内科技人力资源吸引呈现特定空间聚集现象。所谓的科技人才资源聚集现象，就是指在一定的时间内，随着科技人才资源的流动，大量同类型或相关科技人才资源按照一定的联系，在某一地区（物理空间）或者某一行业（虚拟空间）所形成的聚类现象。科技人才资源集聚有利于生产要素的优化配置和社会生产力的发展，不仅可以实现科技人才自身的价值，而且还会产生集聚效应，使集聚地获得先行发展的机会，加速创新和进步，促进经济社会持续高效地发展。强化科技人才资源集聚效应考虑人才、企业及政府三大主体的作用，并充分考虑文化的影响。从实践来看，各地区都不断加大对科技人才吸引力度。智联招聘和恒大研究院联合以人才吸引力作为衡量指标，联合推出"中国城市人才吸引力排名"报告，研究结果显示上海人才吸引力指数位居第一，深圳、北京、广州、杭州、南京、成都、济南、苏州、天津则分列二到十位。从区域来看，2019年东部、中部、西部、东北人才净流入占比分别为5.8%、–2.4%、–0.2%、–3.2%；东部人才持续集聚，中西部持续流出但有所收窄，东北持续流出且幅度扩大。

2. 科技人力资源培养机制

科技人力资源培养机制即对潜在科技人力资源和现有科技人力资源进行教育与培训，提高他们的水平；向新员工或现有员工传授其完成本职工作所必需的相关知识、技能、价值观念和行为规范的过程，是由企业或组织安排的对本组织员工所进行的有计划、有步骤的培养和训练。企业或组织为了实现其目标（如私营部门需要获得利润的最大化，而公共部门希望在社会稳定、经济增长、提高就业等方面的业绩指标最大化），必须拥有一支高素质、善学习的员工队伍，而被引进的科技人力资源只有经过培养和训练，才能成为各种职业和岗位所需求的专门人力资源。因此，唯有对已引进的员工进行培养，不断提高员工的自身素质，才能实现组织的终极目标。培养科技人力资源的形式有很多种，除了在各级各类学校中进行系统教育的学习外，还可采取业余教育、脱产或不脱产的培训班、研讨班等形式，充分利用成人教育、业余教育、电化教育等条件，提倡并鼓励自学成才。除此之外，"干中学"也是培养科技人力资源的一种方式，即在工作或生产的过程中，通过对经验的累积、总结及创新学习掌握更多的知识，从而达到更高的效率。科技人力资源培养的具体要求，各行各业都有所不同，但总的目标是达到德、智、体全面发展。

3. 科技人力资源使用机制

科技人力资源使用是科技人力资源配置过程的关键环节，也是企业发展的关键，是指把引进和培养的科技人力资源安排到适当的工作岗位上，让他们充分发挥作用，使自己的价值最大化，同时为企业或组织创造出最大的价值。更重要的是，企业应给他们创造适合他们发展的空间与环境。科技人力资源使用应该针对每个人的特点，扬长避短，量才施用。科技人力资源使用的功效受组织其他成员的影响，只有从全局的角度，通过细致的工作分析，了解每个成员的特点，综合考虑所有因素，量才施用，才能保证科技人力资源各得其所。企业或组织必须以团体成员间的能力、个性、年龄、知识结构等各方面的最佳匹配为标准，在提倡团体匹配最佳的基础上实现科技人力资源的才尽其用，树立从群体的角度判断科技人力资源使用是否合理的观念。

为了更好地对科技人才进行评价、调整、培养和使用，将科技人力资源按功能划分为三个层次：核心科技人力资源、延伸科技人力资源和潜在科技人力资源，从而构成科技人力资源的三层次梯队。不同种类的科技人力资源适应的岗位不同，在使用科技人力资源时，要按照科技人力资源的种类分配相应的职位。

4. 科技人力资源评价机制

科技人力资源评价是指通过一系列科学的手段和方法对科技人力资源的基本素质及其绩效进行测量和评定的活动，这是了解科技人才的性格以及能力的前提。科技人力资源评价的具体对象不是抽象的人，而是作为个体存在的人的内在素质及其表现出的绩效。科技人力资源评价的主要工作是通过各种方法对被试者加以了解，从而为企业或组织的人力资源管理决策提供参考和依据。科技人力评价主要通过综合利用心理学、管理学和人才学等多个方面的学科知识，对人的能力、个人特点和行为进行系统、客观的测量和评估的科学手段，是为招聘、选拔、配置和评价科技人力资源提供科学依据，为提高个体和企业的效率、效益而提供的一种服务。从我国科技人力资源发展实践可以看出，我国对科技人力评价还存在着许多问题，比如评价标准单一，太过看重论文、职称、学历、奖项等，评价手段趋同，还没有建立起可全面、科学评价科技人才贡献的体系，评价社会化程度还不够，市场作用和第三方服务应用欠缺。

5. 科技人力资源激励机制

科技人力资源激励即通过各种有效的激励手段，激发科技人力资源的需求、动机、欲望，形成某一特定目标，并在追求这一目标的过程中保持高昂的情绪和持续的积极态度，发挥潜力，以达到预期效果的活动。影响科技人才作用和潜力发挥的因素很多，有社会环境、工作条件、技术设备等客观因素，也有接受教育、训练和知识经验积累之后形成的素质、能力等主观因素。这些反映客观因素和主观因素的信息本身就是一种科技人才激励信息，要对科技人力资源进行有效的激励，必须了解、掌握和应用能够激励科技人才的信息。科技人力资源激励就是一个不断了解、掌握、反映科技人才需求动机和影响激励科技人才的主客观因素的相关信息，并在此基础上有效地选择和利用科技人力资源激励手段的过程。因此，企业应该建立健全现代企业制度，科学地建立起员工招聘、培训与开发、企业规划与员工职业生涯设计、绩效评估及激励等一整套科技人才管理体系。特别是对于高层次科技人才，要形成一套行之有效的激励机制，即运用市场机制激发科技人力的创新欲望，激励科技人才的创新精神，激活科技人才资源的创新潜能。

第四章　科技金融资源相关理论及推动创新的机理分析

第一节　科技金融资源内涵及构成

一、科技金融资源界定的相关研究

（一）科技金融内涵

科技与金融是我国建设创新型国家的两大支撑，一方面科技创新发挥着核心作用，另一方面金融是科技创新转化为现实生产力的"隐形推动器"。随着我国科技体制改革和金融发展，科技与金融从相互独立到相互融合、相互渗透，在这一过程中逐渐产生科技金融。国外众多学者虽然早就开始研究金融对科技创新的影响，比如熊彼特认为金融资本对于创新有重要作用，希克斯（Hicks）认为新技术的产业往往需要大规模、连续的、长期的资金注入，而这种投资需要恰当的金融安排才能实现。但并没有从理论上形成一个独立的范畴去对应"科技金融"。在国内，20世纪80年代有学者（马希良、刘弟久，1988）提出科技金融概念，1993年深圳科技局发表相关文章阐释科技金融对高新技术企业的扶持，随后国家出台《中华人民共和国科学技术进步法》，首次将科技金融写进法律文献中。自此学术界开始了对科技金融多角度大规模研究，但依然没有形成统一的定义。目前，关于科技金融内涵得到比较广泛认可的是赵昌文等（2009）提出的："科技金融是促进科技开发、成果转化和高新技术产业发展的一系列金融工具、金融制度、金融政策与金融服务的系统性、创新性安排，是由向科学与技术创新活动提供金融资源的政府、企业、市场、社会中介机构等各种主体及其在科技创新融资过程中的行为活动共同组成的一个体系，是国家科技创新体系和金融体系的重要组成部分。"科技金融对科技创新的支持更多地体现在融资方面，即解决重大前沿技术及关键性技术、科技型企业尤其是科技型中小企业的融资需求，主要包括以政府为主导的财政金融支持和以市场为主导的金融机构支持。因此，从来源属性上划分，可以将科技金融分为公共科技金融和市场科技金融。

（二）科技创新的概念及特点

1. 科技创新的内涵

科技创新从语义上包括科学、技术、创新三重含义。从词源来看，"科学"属于外来词，由英语"science"经日本学者翻译并引入中国，主要涉及新发现、新知识如何以满足同行科学家专业标准的形式发表；"技术"由希腊文词根衍生而来，意指个人的技能或技艺，后泛指根据生产实践经验和自然科学原理而发展成的各种工艺操作方法与技能；"创新"一词源自拉丁语，其原意包括三层含义：一是更新；二是创造新的东西；三是改变。因此，科技创新是原创性科学研究和技术创新的总称。根据科技创新活动的阶段性，可以将科技创新活动分为基础研究、科技成果转化和产业化三个阶段。其中，基础研究是通过认识自然现象，揭示自然规律，获取新知识、新原理和新方法的研究活动；科技成果转化是将基础研究阶段产生的科技成果转化为现实生产力，体现科技成果的社会效益和经济效益；产业化是指通过市场化运作方式实现由科技成果形成产品的规模化经营。

2. 科技创新的特点

（1）高投入与长期性

科技创新需要大量资金投入，越是高精尖前沿领域越需要巨额资金投入。除此之外，由于科技创新由科学技术的基础研究、科技成果转化以及产业化构成一个完整的链条，科技创新链上的各个环节、各个阶段对于资金的需求也会呈现出不同的特征。因此，除了涉及国家战略科技力量的原创性、基础性科学研究需要大规模资金投入之外，大量产业化、市场化的科技成果也需要巨额投入，但如此大规模的资金需求仅仅依靠企业自身是无法获得的，这就需要金融体系的支持。此外，科技创新活动涉及从知识到技术的创造，再到实现科技成果的转化以及产业化，是一个长期的过程。

（2）高风险性与收益不确定性

科技创新活动的高投入与长期性使得新技术或者新产品在开发过程中充满了不确定性，由于现代技术更新速度快，市场需求随着新技术的不断更新也是不断变化的。因此，科技创新的长期性容易产生技术风险、市场风险和商业风险，导致收益的不确定性特征也更加突出。

（3）正外部性及准公共物品属性

科技创新尤其是对国家发展有重大意义或者关键性领域的基础研究具有正外部性和效益外溢特征，其产生的社会效益往往远大于其产生的私人效益，导致搭便车现象（杨晓燕，2011）。科技创新的准公共物品属性主要体现在两个方面：非竞争性和非排他性。其中，非排他性是指类似基础性科技研究和非专利性应用研究进入公共领域后无法限制他人使用，创新主体很难通过定价手段收回成本；非竞争性是指在既定的生产水平下，某个人的消费不会减少其他人的消费数量，也就是说，同一种公共物品可以被多人同时等量消费。科技创新的非排他性和非竞争性在资源配置领域容易造成搭便车行为，容易制约创新主体进行科技创新的积极性，造成市场失灵现象。

（三）科技金融资源的概念界定

"资源"是指一国或一定地区内拥有的物力、人力、财力等各种物质要素的总称。从经济学维度来看资源是指通过使用或直接可以为企业、社会产生效益的一切投入。随着科学技术的不断发展与知识经济的到来，新资源观开始出现，即在知识经济社会，对资源的利用需要运用科学技术知识综合考虑不同资源的不同层次、区域配置及综合利用问题，主要包括知识、技术、经济、金融、政策等内容。其中，金融资源主要包括货币、资本、金融组织、金融制度以及相应的法律法规等。金融资源是一种战略性社会资源，其根据市场价格信号配置资源，其本身既是一种资源配置方式，同时也是资源配置的手段，即其作为资源配置的对象同时也是对其他资源进行配置的特殊资源。因此，金融资源配置效率的高低影响着其他资源的配置效率，金融资源配置已经成为资源配置的核心问题。

科技金融资源是科技创新的生产要素，是支持科技创新的基本内容。一些学者尝试概括、凝练科技金融资源内涵。和瑞亚（2014）从广义和狭义两个角度对科技金融资源的概念进行界定：广义的科技金融资源是指在科技创新过程中，能够直接或者间接促进与实现科技创新发展的各种有形金融资源和无形金融资源的总称，主要包括货币或货币资金、科技财力资源、科技金融制度资源和科技金融组织资源四类。狭义的科技金融资源是指贯穿科技创新的研究开发阶段、科技成果转化阶段与产业化阶段的金融货币资本投入。陈冠英（2012）认为科技金融资源是在研发阶段与科技成果产业化的技术创新过程中投入的货币资本，是为科技创新活动进行融资的结果。

从资金投入的来源看，科技金融资源可以划分为公共性科技金融资源和市场性科技金融资源。公共性科技金融资源的拥有主体主要是通过直接或间接的方式发挥对科技金融资源的配置作用，即通过介入科技创新的市场失灵领域支持科技创新，主要包括财政性科技金融和政策性科技金融。其中，财政性科技金融是以财政科技投入为主的直接投入和以税收优惠为代表的间接投入；政策性科技金融主要是指政策性金融机构开展的针对科技创新的科技金融业务。市场性科技金融资源的拥有主体追求利益最大化，根据科技创新项目的风险、收益预期和投资项目的获利性以及发展前景进行筛选，选择具有成长性和高回报的投资项目以实现其利益的最大化，使得资金流向优质科技创新项目，主要包括银行等金融机构、科技资本市场、创业风险投资、科技担保等。

由于在科技金融资源配置过程中，资金投入是科技金融的最基本内容，即科技金融对科技创新的支持主要体现在科技创新的融资方面。因此，本书主要从狭义的科技金融资源角度出发研究科技金融资源配置效率。

二、科技金融资源构成

（一）金融资源的特点

现代金融活动不但保持和深化了传统的中介作用，还在一定程度上逐渐衍生成为一种不依赖于真实商品生产和交换活动的独立行为，金融已不局限资本或资金的借贷功能，而是更广泛、更深刻地对经济和社会的发展发挥着引导、渗透、激发、扩散作用。基于此，作为一种特殊社会资源，金融资源主要有以下几个特点。

第一，金融资源具有客观性，现代经济的发展是在经济金融一体化的基础上实现的，金融已经不是一个单纯的经济或者社会问题，而是存在于社会、经济以及人类活动的许多方面的一种客观存在和现实。

第二，金融资源具有层次性，金融资源包括基础性的金融资源，如货币和货币资本；实体性、制度性的金融资源，如金融工具、金融人才、金融组织以及相应的法律法规等；整体功能型的高层次金融资源。

第三，金融资源具有复杂性，经济的发展催生了独立于实体经济的以金融为核心的虚拟经济，实体经济与虚拟经济的交织运行是现代经济发展的主导形式，其与经济结合逐步形成复杂的系统。

第四，金融资源具有脆弱性，金融的脆弱性也即金融不稳定性，是金融资源最根本的特性，是不同于其他经济资源的一个显著特征。金融是信用经济的产物，金融的稳定是建立在社会信用基础上的。但由于时间、空间出现的分离以及环境的不确定性，容易导致资金需求者与资金供给者之间的信息不对称，从而出现逆向选择和道德风险现象，造成资金提供者和金融中介的损失。

第五，金融资源具有稀缺性，资源稀缺性是经济学理论得以发挥作用的潜在的、基础性的原则，一切经济学探讨都是建立在这一基石之上。金融资源的稀缺性体现在相对于人类需求的无限性上，在经济的增长与发展中，金融资源作为一种社会资源，其使用遵循报酬递增规律，其稀缺性表现在质量上的相对不足，即金融制度运行效率的稀缺。

（二）科技金融资源的特征

由于科技金融资源具有金融资源的一般特性，且同时具有科技创新和金融的双重特性，从而表现出较为明显的特征。

1.科技金融资源的配置性与流动性

科技金融资源是一种不同于其他资源的特殊社会资源，它不仅是资源配置的对象，同时也配置其他科技资源，是实现科技创新的核心制度资源。科技金融资源通过金融制度发挥其配置功能，具有支配性。科技金融市场上的供需情况可以通过科技金融市场的价格信号得以体现，从而有效引导科技金融资源流向配置效率更高的科技领域、地区或者部门以及科技型企业。同时，科技金融资源具有流动性，它可以在不同区域、不同行业、不同阶段、不同领域流动。因此，科技金融资源的合理流动能够影响科技金融资源的配置能力。

2.科技金融资源的多样性与协同性

科技金融资源贯穿于科技创新活动的研发阶段、科技成果转化阶段和产业化阶段整个过程，由科技财政、科技贷款、科技资本市场与创业风险投资等创新要素组成，即科技金融资源的多样性，不同的科技金融资源在科技创新的不同阶段发挥不同的作用，有利于提升科技金融资源配置效率。科技金融资源不是独立存在的，是科技资源、知识资源、科技金融机构资源与政府资源的有效整合，通过优化组合分配与使用充分发挥"1+1＞2"的协同效应，是由科技创新主体、知识创造主体、资本提供主体间的深层次合作而实现的协同创新资源共享。

3.科技金融资源的稀缺性与战略性

科技金融体系作为金融体系的子体系，其研究需要纳入金融体系框架之下，一方面，金融政策的正确与否、利率的高低以及金融制度的稳定性与有效性均会对科技金融体系以及国家创新体系产生影响。另一方面，科技金融资源是配置科技资源及其他经济资源的核心制度资源，科技金融制度资源的合理有效性是实现我国转型期内经济发展方式转变、创新驱动发展战略和构建创新型国家的关键。因此，科技金融资源是一国经济、科技创新发展的战略性资源。科技金融资源数量有限，其供需情况出现供不应求现象，即科技金融资源有限性相对于科技发展需求的无限性来说是不足的，即科技金融资源具有稀缺性。利用有限的科技金融资源创造更多的经济价值是资源配置的核心问题。

4. 科技金融资源的脆弱性与收益性不确定性

资金投入是科技金融资源支持科技创新的核心，主要来源于银行、创业风险投资机构、科技资本市场，其自身存在金融系统风险，这就决定了科技金融资源的脆弱性。由于科技创新具有不确定性和高风险性，导致科技金融资源投入具有一定的风险，一旦新技术或者新产品失败，科技金融资源的投入就难以收回，给投资者造成巨大的损失，当新技术或者新产品成功获得市场的青睐时，往往给投资者带来高额收益。因此，科技金融资源的投入带有不确定性。同时，科技金融资源具有投入要素的收益递增效应，其高效率的配置使用往往会带来更多的利益价值。

5. 科技金融资源的区域性与外溢性

不同区域由于其拥有不同的经济基础、金融存量、科技存量、产业结构和文化背景，因而拥有的科技金融资源也具有不同的区域特点。科技金融是一个开放的系统，区域之间的创新要素和资源是不断流动的，各区域所拥有的资源优势与配置能力可以引导不同的科技金融资源的流向，体现的是科技金融资源的外溢性特征，从而影响区域科技金融的发展。

（三）科技金融资源的构成

根据上文对狭义科技金融资源概念的界定，科技金融资源主要包括科技财政、科技贷款、科技资本市场融资、风险投资、科技保险和科技担保等。不同的科技金融资源在科技创新过程中发挥着不同的作用。

1. 科技财政

科技财政是指政府通过财政科技投入、财政补贴、政府采购与税收优惠政策等直接或者间接形式支持科技创新活动的资源，其在科技创新的不同阶段中发挥着不同的引导与调节作用。政府对科技创新的支持作用主要体现在对科技创新活动的基础研究阶段上，如政府通过财政科技投入等方式直接支持我国重大科技计划项目的实施，或通过税收优惠间接支持科技型中小企业的创新活动等。其主要体现在两个方面。

第一，科技创新的准公共物品特征容易导致"市场失灵"或者"市场残缺"，科技创新的非排他性和非竞争性在资源配置领域容易造成搭便车行为，即增加一人消费此种物品或者服务并不增加成本，而每个人无论支付或者不支付都会从公共物品中得到好处。这种准公共物品的性质导致企业在生产和销售此类物品和服务时缺乏动力，从而造成市场失灵，使资源的配置受到影响，因此需要政府的介入。

第二，在市场经济下，科技创新是科技与经济的一体化过程，是一个从新技术构思的出现、产生，新产品或者新工艺的设想到市场应用的完整过程，具有风险性、收益性、正外部性和不确定性等特点，其风险与收益的不确定性和高投入性，制约了科技企业进行创新的积极性和资本提供者进行科技投资的热情。然而新技术开发所产生的社会效益远大于私人所获得的效益，尤其在科技创新活动中的基础研究阶段或者重大的、关键的战略性技术领域，科技财政的投入就显得十分必要。通过科技财政投入支持企业进行创新，向外界环境释放产业政策信号，引导更多的社会资本流向科技领域，促进科技创新发展。在我国实施创新驱动发展战略和构建创新型国家的大背景下，积极推动科技创新发展、提升我国科技竞争力是重中之重。因此，在当前我国经济发展阶段，科技财政投入仍是科技金融资源投入的重要来源。

2. 科技贷款

科技贷款是指为科技型企业的创新活动提供的债务性融资支持，是科技金融资源的重要组成部分。在"流动性、安全性、盈利性"的经营原则下，其主要介入科技成果转化阶段和产业化阶段。作为银行主导的金融体系国家，在我国资本市场、科技保险市场、科技担保市场与创业风险投资发展不完善的条件下，银行及其他非金融机构在支持科技创新发展方面起着重要的支撑作用。因此，科技贷款是科技型企业获取外部融资支持的重要途径。20世纪80年代，科技信贷也称为科技开发贷款，在由中国人民银行、国务院科技领导小组办公室联合发布的《关于积极开展科技信贷的联合通知》中首次出现。通知要求，"各专业银行和其他金融机构，调剂一部分贷款，积极支持科技事业的发展"，并指出银行、其他金融机构应该与科技管理部门密切合作，以促使科技信贷工作的顺利进行。科技贷款（科技开发贷款）是指用于新技术、新产品的研发、成果转化和商业化发放的贷款。但是随着经济的发展，科技贷款的含义得以不断扩展，主要有狭义和广义两个角度。狭义的科技贷款是指高新技术企业获得的贷款，包括正规金融机构贷款和非正规金融机构贷款；广义的科技贷款包括狭义的科技贷款和科研机构、科技中介机构等事业单位获得的贷款以及用于技术改造、设备更新的专项贷款。根据科技贷款提供方的不同，可以将科技贷款分为商业银行科技贷款、政策性银行科技贷款和民间金融科技贷款。其中，商业银行科技贷款主要是指商业银行向从事高科技创新活动的科技型企业发放的贷款。但是由于信息不对称及高风险性，科技型中小企业很难从商业性银行获得科技贷款。政策性银行科技贷款主要是指政策性金融机构依托国家信用对国家产业政策偏好的科技型企业或重大科技项目发放的贷款，是创新企业在发展初期最重要的融资方式。政策性银行科技贷款同时具有财政性和金融性，主要体现在对于具有准公共物品属性领域的科技创新，政策性金融机构提供中长期低息贷款，吸引和引导社会资本进入该领域，体现的是政策性目标与盈利性的统一，具有市场与政府的双重属性。民间金融科技贷款是指由民间金融机构发放的贷款，主要通过一定的社会关系从非正规金融部门获取的贷款，其贷款发放对象一般是科技型中小企业，是商业银行科技贷款和政策性银行科技贷款的重要补充。

3. 科技资本市场

科技资本市场是为高新技术企业提供直接融资的除创业风险投资之外的资本市场，主要介入科技创新活动的科技成果转化和产业化阶段。根据其流动性与风险性的不同，可以将科技资本市场分为不同层次和类别的市场，包括主板市场、创业板市场、新三板市场、产权交易市场、中小板、沪深港通、科创板。

主板市场主要为处于成长期后期和成熟期的科技型企业提供融资支持，上市的企业多为市场占有率高、规模较大、基础较好、高收益、低风险的大型优秀企业。创业板市场是以自主创新企业及其他成长型创业企业为服务对象，主要为高科技、高成长性、新经济、新服务、新农业、新能源、新材料、新商业模式类型的科技企业提供融资服务，创业板10余年发展，目前已形成具有900多家上市公司、总市值超过10万亿元的投融资平台。新三板市场，也叫"代办股份转让系统"，指全国性中小企业股份转让市场，主要为具有良好发展前景、处于初创期后期和扩张期的未上市的科技型企业提供融资支持和股权转让的区域性科技资本市场。产权交易市场是指为初创阶段和种子阶段的企业提供包括证券化的标准化产权以及非证券化的实物型产权在内的产权交易服务的区域性市场。中小板主要服务于即将或已进入成熟期、盈利能力强、但规模较主板小的中小企业，但经过多年发展，中小板在市场规模、业绩表现、交易特征等方面与主板日益趋同，因此2021年4月6日，经中国证监会批准，深圳证券交易所主板与中小板正式合并。科创板是2019年上交所在主板外单独设立的专门为科技型以及创新型中小企业服务的板块，重点面向尚未进入成熟期但具有成长潜力，且满足有关规范性及科技型、创新型特征的中小企业，主要针对符合国家战略、突破关键核心技术、市场认可度高的科技创新企业。实施近两年来，一批具备原创硬核研发技术、属"独角兽"类型的科技企业成功上市，为科技创新提供了动力。

科技资本市场根据不同发展阶段的科技企业的融资需求和融资特点提供不同层次市场的融资支持。在基础研究阶段，由于科技创新的高风险性，科技企业主要以自筹资金或申请科技财政投入为主；在科技成果转化阶段，由于所需资金规模的进一步扩大，科技企业仅靠自有资金难以持续推进而开始通过创业风险投资、产权交易市场等转让股权方式获取融资；在产业化阶段，当新技术或者新产品实现其商业价值和产业化，且具有良好的市场前景时，其对资金的需求进一步扩大，科技企业通过创业板市场或者主板市场进行股票融资，实现生产规模的扩大或者产业化。此时，创业风险资本开始通过创业板或主板市场等渠道的退出，获取高额利润。

4. 风险投资市场

风险投资是指专业风险投资机构或投资者在承担高风险并积极控制风险的前提下，对具有高成长性的科技型企业尤其是高新技术企业进行权益性资本融资，以获取高额回报，其主要介入科技创新活动的科技成果转化和产业化阶段。创业风险投资同时具备高风险和高收益性质，其主要投资领域为高新技术产业和新兴产业。创业风险投资者以获取高额利益或出售股权获利为目的，主动寻求市场上具有高成长性与高收益性的创新项目，并为其提供资金支持，同时利用其长期积累的经验、知识、信息网络与风险管理为科技企业提供管理咨询，使企业得到更好的经营。由于创业风险投资是一种主动的投资方式，获得创业风险投资支持的创新企业的成长速度远高于未获得创业风险投资支持的企业。创业风险投资者通过将增值的企业上市、并购、股权转让或者破产清算等形式退出，从而获取高额收益。

风险投资起源于美国，虽然早在19世纪初期就出现了风险投资的萌芽，但现代意义上的第一家风险投资公司则成立于20世纪40年代，即美国研究发展公司（ARD）。在经历了平缓、停滞发展阶段之后美国风险投资迅速成长，特别是科技企业的大量出现、法律环境完善提供了支撑，大量风险资本进入高新技术领域使得高新技术得到迅速发展。欧洲风险投资发展历程与美国类似，兴起于1945年工商业投资公司，但直到20世纪90年代中后期才得到快速发展（王亚民、朱荣林，2003），2020年，欧洲初创企业筹集的风险资本占全球融资的13%。日本是亚洲风险投资的先驱者，起初是在美国启发下开始设立风险投资公司，并且得到了政府的大力支持，日本风险投资发展经历了3次高峰（梁鹏、滨田康行，2008），对其科技创新发挥了重要作用，但相较美国风险投资供需两旺的事实而言，日本风险投资却存在着充裕的投资资金而缺乏勇于创新的创业者。①

我国发展风险投资较晚，20世纪80年代成立首家风险投资机构——中国新技术创业投资公司，随后各个地区开展试点实践，但多是政府拨款作为风险资金。1999年公布的《关于建立风险投资机制的若干意见》中对创业风险投资进行了定义："创业风险投资是指向具有高成长性、高风险性与高收益性的创新创业企业提供股权资本，并为其提供管理咨询服务，通过将增值的被投资企业上市、并购等形式获取高额收益的投资行为"。但此后中国风险

---

① 蒋晶津，日本创业投资现状：风险投资资本充足，但创新者匮乏，搜狐网，2017-04-18，https://www.sohu.com/a/134846914_487885

投资经历了低潮，直到21世纪初进入复苏和加速发展，根据《全球创投风投行业年度白皮书（2020）》显示，在全球创投风投市场活力下降的背景下，中国创业生态系统迅速升级完善使中国创投风投依然保持正增速。

5. 科技担保

科技担保是指担保机构为科技型中小企业的融资提供的担保，为处于不同阶段的科技型企业或者科技项目提供融资担保，旨在通过降低银行机构的贷款风险，解决科技型中小企业因缺乏可抵押品和财务信息等不完善而难以获得融资支持的问题。目前，我国科技担保主要分为政策性担保和商业性担保两种。其中，政策性担保是指由政府相关部门或者建立专门的政策性担保机构为科技型中小企业提供担保；商业性担保是指由独立于政府部门之外的法人提供的担保。

化解中小企业创新发展过程中的融资难融资贵问题是各国发展中小企业的通行做法。早在20世纪30年代，英国就针对大量中小企业因资金配置缺口致资金链断裂而破产的经济局面开展调查，并提出"麦克米伦缺口"（万伦来、丁涛，2011），据此建立了政策性金融体系以扶持中小企业。1953年，美国成立了小企业局（SBA）并由政府出资设立小企业信贷保证计划资金为小企业提供贷款、经营管理和咨询服务等。日本信用担保制度始于1937年，经过几十年的发展，如今已建立一整套比较科学、完整的支撑系统。

我国科技担保起步较晚，1993年中国经济技术担保公司创立成为第一家专业融资担保机构，经过20多年的发展，到2018年，已有8 151家融资担保机构为中小企业融资困难提供帮助。但相比于发达国家，一方面我国担保机构规模偏小、银行对担保机构准入门槛高等限制使得我国担保机构担保能力偏弱，担保放大倍数不足（刘书博、刘玥利，2020）；另一方面，我国中小企业依然面临着较严重的融资困难，据2018年世界银行发布的《中小微企业融资缺口》显示，中国5 600万的中小微企业中，超过41%存在信贷困难，其中中型企业融资缺口达42%，小微企业甚至存在76%的潜在融资缺口。[①]中国的"麦克米伦缺口"依然困境重重。

6. 科技保险

科技保险是针对科技创新过程中可能产生的技术风险、市场风险以及科技金融工具的风险进行保险，以达到降低科技创新的风险、企业风险以及科技金融系统风险的金融工具，其主要功能是实现风险的分散、转移和管理，以使企业能够获得融资支持。根据科技保险提供者的性质，可以将科技保险分为政策性科技保险和商业性科技保险两种，政策性科技保险在我国科技保险的初级发展阶段发挥着重要的引导作用。

从国外金融创新实践看，虽然没有提出单独的科技保险概念，但却开展了丰富的科技保险实践，比如日本在中央设立了中小企业信用保险公库，在地方按行政区设立了50多家信用保证协会，使得担保额度放大了60倍，需担保的中小企业仅支付0.1%或0.5%的保证费用就可获得全额担保。

我国比较早开展科技保险实践的事例应是1985年航空航天部替发射的国土普查低轨道卫星购买的保险金额为2 500万元的保险产品。2007、2008年又开启科技保险试点，在9个城市区推进，随后全面放开。经过多年发展，我国科技保险已初具规模，2018年全国首家科技保险公司——太平科技保险股份有限公司获准开业，2020年武汉获批全国首个科技保险创新示范区推动保险业服务科技产业发展与创新迈向新台阶。

第二节 科技金融促进科技创新的作用机理分析

一、科技金融促进科技创新的研究回顾

熊彼特是最早开展金融与创新关系研究的学者，在其著作《经济发展理论》中指出货币、利息等金融资源对技术创新有重要影响。此后，许多学者

---

①杨望望，小微纾困成2020年关键词，中新经纬，2020-01-03.www.jwview.com/jingwei/html/01-03/285300.shtml

对于科技金融与创新关系进行多视角、多维度的研究。具体可分为两大类。

第一类，金融与科技耦合协同。一些学者从融合视角探讨二者之间的关系，佩蕾丝（2007）认为恰是资本逐利性与技术创新高额回报使得二者可实现高度结合，并最终促进科技创新繁荣；王宏起、徐玉莲（2012）通过构建协同度模型揭示科技金融和科技创新的协同发展机制。

第二类，科技金融促进创新类。相关研究领域对科技金融支持科技创新的效果及路径等方面进行了一系列开创性的研究，揭示了科技金融对构建创新型国家、提升自主创新能力的重要性。Chowdhury和Maung（2012）基于对发达国家和新兴国家金融发展与企业研发投入关系的实证研究，发现金融市场发展显著促进了研发投入的有效性；若进一步分政策性科技金融和市场性科技金融来看，学者对于政策性科技金融可有效提升中小企业创新能力的结论已形成普遍共识，但关于市场性科技金融对企业技术创新作用还有分歧，有学者（耿宇宁等，2020）分别就商业银行贷款、资本市场融资、创业风险投资对科技创新分歧研究进行了梳理总结，比如郭燕青（2019）等认为银行贷款可以显著促进企业创新效率提升，但李瑞晶等（2017）利用中小企业板和创业板企业数据进行实证研究发现商业银行的"大企业偏好"增加了中小企业贷款的难度，从而抑制企业创新能力提升。

二、科技金融资源促进科技创新的功能机理

科技金融作为国家科技创新体系和金融体系的创新制度安排，其自身能够在一定程度上降低科技创新风险、信息不对称和外部性，从而提高科技型企业进行创新的积极性和投资主体进行科技投资的热情，促进科技创新发展。本章在分析科技金融资源等相关概念的基础上，从功能角度对科技金融资源促进科技创新的作用机理展开分析。由上文分析可知，科技创新从研发到科技成果转化再到产业化、市场化、商业化是一个动态的过程，其各阶段均具有不同的风险性、收益不确定性以及正外部性的特点，所面临的融资需求也不相同，需要科技金融资源发挥功能性支持。一般来讲，金融体系主要从三个方面促进技术创新发展：一是动员各类资本，为技术创新提供融资；

二是降低搜寻信息成本；三是为技术创新提供降低、分散和化解创新风险的工具和渠道。

科技金融资源作为金融资源的最具创新性子体系，同样具有资本集中、风险管理、信息揭示以及项目治理功能，为解决科技创新过程中的风险以及收益不确定性等问题提供了途径。其中，资金集中功能能够为科技创新提供所需的多样化的融资渠道，解决科技创新的资金瓶颈约束问题；风险管理功能则主要表现为金融中介机构的风险共担机制与资本市场的风险分散机制，使得风险在不同投资者之间进行分摊；信息揭示功能能够使项目信息、企业经营信息以及信用情况在投资者之间传递，降低信息搜寻成本和交易成本；项目治理功能则通过金融体系对创新项目的过程进行有效监督，实现对创新项目以及企业经营行为的事前、事中和事后监督，规避科技型企业"道德风险"。

（一）科技金融资源的资金集中功能促进科技创新

1. 公共性科技金融资源通过提供资金支持促进科技创新

公共性科技金融通过直接或间接的介入方式影响企业科技创新，进而有效降低创新成本，缓解融资压力，分担风险，提高创新积极性。根据上文分析可知，公共科技金融资源主要包括财政性科技金融投入（主要为财政补贴）和政策性科技金融贷款，其对科技创新的作用主要体现在减少科技金融资源配置参与主体之间的信息不对称，降低投融资双方的市场风险，实现市场风险与收益的匹配，引导金融机构和社会资本进入科技创新领域，从而促进科技创新发展。与此同时，以政府补助为代表的公共性科技金融以向市场和投资者传递利好消息间接增加企业投入进而对企业科技创新发挥正向影响。

财政性科技金融主要通过财政科技投入、政府采购、贷款贴息和税收优惠等方式实现对科技创新的资金支持作用。政府科技政策对技术创新起着关键的、顶层设计作用，主要表现在通过科学技术政策的制定，引导政府财政资金投入的规模、创新方向以及拟实现的科技创新目标，扶持与资助技术创新活动，引导社会资本流向创新领域，从而鼓励和推动技术创新的应用、成果转化和商业化。因此，政府对科学技术政策、财政科技投入、税收优惠、政策担保等财政性工具的制定与运用，具有一定的资金集中功能。以政府为供给主体的公共性科技金融资源主要介入由信息不对称导致的市场作用发挥失灵的领域（即具有公共物品属性的科技创新）或科技创新活动的起步阶段，如基础研究或重大关键技术的研究与开发，其关系着国家发展战略和整体竞争力的提升，由于研发周期长，资金需求大，且具有正外部性和不确定性，公共物品属性凸显。

市场性科技金融主体考虑到科技创新的风险性、正外部性以及预期收益不确定性等问题，投资意愿低，仅靠科技型企业或其他创新主体自有资金或自筹资金是无法满足基础研究或关键核心技术研发对巨额资金需求的，这时政府等相关部门作为国家宏观经济的调控者和国家发展战略的制定者就会通过财政科技投入、政府采购或财政补贴等方式弥补市场失灵，如建立重大产业计划基金、863计划、政策性担保机构以及公共创业风险投资机构等，降低市场性科技金融主体的投资风险，同时可向外界释放产业政策倾斜信号，通过财政科技投入的杠杆放大效应，引导市场性科技金融资本和社会资本流向该领域，确保科技创新过程的顺利实现，实现技术进步与科技发展，其促成的跨越式发展有利于加快产业结构升级和经济发展水平的提升。

政策性金融贷款是运用国家信用，采用市场化运作模式，为特定领域或产业提供中长期低息贷款，降低科技创新的风险和信息不对称，弥补市场失灵，具有首倡功能，引导市场性科技金融主体或社会资本的投资规模与流向，为科技创新提供资金支持。其主要通过资金支持和投资引导功能促进科技创新，是财政性与市场性、微观与宏观的结合。政策性科技金融贷款是政策性金融机构根据国家产业政策和国家发展战略对存在市场失灵的、特定的科技领域提供的资金支持，主要表现为以下几个方面。

第一，市场机制发挥失灵的领域，由于资金需求规模大、信息不对称、正外部性、投资回收期长等特点，市场性科技金融主体不愿介入，但是这一科技领域又具有较大的社会效益，这时需要政策性金融的资金支持。

第二，市场机制滞后选择的领域，如科技型中小企业的融资问题，在这一领域，由于科技型中小企业缺乏申请商业银行贷款所需的抵押品或不满足上市条件以及创新项目的风险性及收益不确定性，使得市场性科技金融主体不愿对处于初创期的科技型中小企业提供资金支持，这时就需要政策性金融对其进行资金支持。政策性金融的投资引导功能主要是通过对国家重大关键技术领域或者具有较大社会效益的产业进行先期投资或为市场性科技金融资本提供优惠政策的方式实现的，向社会释放产业政策倾斜信号，影响市场性科技金融资本和社会资本的投资预期，充分发挥其杠杆作用，从而吸引市场性科技金融资本的介入，当其所扶持的企业进入成熟期以后，实现了风险与收益的匹配，市场性科技金融的介入意愿增强时，政策性金融就会退出。

2. 市场性科技金融资源通过资金集中功能促进科技创新

市场性科技金融资源主要通过资金集中功能促进科技创新。科技创新活动的基础研究、科技成果转化和产业化过程的实现需要大规模的资金支撑，而金融体系的流动性创造功能为投资者变现投资项目提供了渠道，有利于长期资本的形成。市场性科技金融主体的介入，如银行等金融机构、资本市场中的投资机构、创业风险投资机构，能够为不同科技型企业或一个企业的不同发展阶段提供不同的资金支持。在金融发展理论中，具有较为完善的金融自由体制与较高程度的金融发展的金融体系在动员储蓄与大规模积聚资本方面的优势更加明显。

（1）银行等金融中介机构通过动员储蓄为科技创新提供资金支持

银行等金融中介机构通过动员储蓄为科技创新提供融资支持。银行等金融机构作为资本积聚与分散的主要载体，通过吸收个人和企业存款等社会储蓄形成资金的规模化，根据创新项目的获利性和发展前景以及企业经营状况选择发放贷款对象，可以快速、大规模地汇聚资金并投向大规模且无法分割的投资项目，实现经济资源的跨时间、跨地域和跨产业转移，从而将储蓄转化为科技投资，为科技创新提供资金支持，使得新技术或者新产品迅速转化为生产力。此外，民间金融科技贷款是除以贷款业务为业的金融机构以外的其他民事之间订立的，作为科技型中小企业融资的另一重要来源渠道，其主要通过社会关系从非正规金融部门获得科技贷款，是商业银行贷款和政策性贷款的重要补充，在借贷市场发挥着重大价值，但需要以相关法律为依据，既保护又有监管。

（2）资本市场为科技型企业提供直接融资支持

资本市场通过资金流向实现科技金融资源配置的导向性作用。资本市场通过价格信号的变化向潜在的投资者提供企业或项目价值信息，通过影响潜在投资者对收益的预期来实现对资金的融通，吸引逐利性的潜在投资者进行投资，进而实现将资金从储蓄者手中直接转移到筹资者手中。资本市场具有层次性，不同层次的资本市场的风险性和流动性不同，可以为处于不同发展阶段的企业提供不同的融资服务，使得科技型企业获得其进行创新活动所需的资金，如产权交易市场主要针对处于初创期的科技型企业提供相关的交易服务;三板市场主要针对处于初创后期以及成长期但不能够到创业板上市的科技型企业提供融资服务；而创业板市场则为达到上市条件的处于初创后期以及成长期的科技型企业提供融资服务；当科技型企业处于成长后期和成熟期时，企业的各项条件达到主板市场的上市要求时，则可以在主板市场进行资金融通。

创业风险投资机构通过签订契约向投资者募集资金，并将资金投向经过严格评估与筛选的具有高成长性的科技型企业，为其提供资金支持，当其所支持的科技型企业成功上市后，创业风险投资机构就会选择出售股权等其他方式退出，以获取高额收益。

（二）科技金融资源的风险管理功能促进科技创新

一般来讲，金融体系为市场参与者提供了各种风险管理工具。科技金融资源的风险管理功能就是要通过金融创新为优化风险收益结构，使科技企业的融资需求与金融资源的供给相匹配，主要体现在对处于不同发展阶段的科技创新项目的风险分散与分担方面。

1.公共性科技金融资源通过风险管理功能促进科技创新

政府通过财政科技投入、政府采购、税收优惠以及贷款贴息等方式释放科技创新的早期风险，通过后补助、权益性资助等方式释放和显现企业的隐性风险；政策性金融机构，如国家开发银行、农业发展银行等机构，为国家重点发展产业或处于"强位弱势"群体，如科技型中小企业，提供政策性科技贷款支持，其目的是通过释放技术创新活动的早期风险，降低金融机构投资收益和风险不对称，吸引和引导更多的市场性科技金融资本和社会资本，为其提供融资支持。

2. 市场性科技金融资源通过风险管理功能促进科技创新

市场性科技金融主要包括商业银行、科技资本市场、创业风险投资机构等，体现为通过金融体系的风险管理功能促进科技创新，为科技创新提供风险分散、转移与管理的手段或渠道。金融体系自身所具备的风险性要求其具备自身风险管理功能与创新项目的风险管理机制。在融资过程中主要存在两种风险：流动性风险和生产性风险。其中，流动性风险主要是指由于科技型企业在进行技术创新活动时需要通过向金融中介机构申请贷款获得所需资金并且占用一定的时间，所形成的金融中介机构与投资者之间的风险。生产性风险主要是由于技术创新过程中所面临的风险与收益不确定性所形成的金融中介机构与科技型企业之间的风险，如技术研发能否成功的技术风险，技术研发成功以后所面临的市场风险，以及由于政策环境变化所导致的社会风险等。金融体系在向技术创新提供融资支持的过程中，为了规避风险逐渐形成了不同的风险管理功能。

银行等金融中介机构通过风险共担机制实现对科技创新的风险管理。银行对投资者的跨期风险分担机制和金融市场对投资者的横向风险分散机制为技术创新提供了融资机会。在流动性风险的约束下，追求短期利益最大化和具有风险厌恶的投资主体倾向于将资金投向短期项目，从而导致回报期长、风险大和投资收益好的科技创新项目投资不足。金融中介机构通过对流动性风险进行管理，可以为投资者迅速变现提供便利，有利于长期资本的形成，从而促进科技创新。资本市场通过公开信息披露机制实现对科技创新项目或企业的风险管理，潜在的投资者对资本市场上价格变动和信息披露所提供的创新项目信息或企业信息，获得科技型企业或创新项目的财务信息、经营状况以及发展前景等信息，对其进行综合评估与判断从而决定是否进行投资，一旦投资者投资某个创新项目或者企业时，资本市场会通过创新资产组合分散来化解科技创新项目的收益性风险。

创业风险投资的风险管理功能主要是由其自身所具备的专业化的风险投资家来实现的。创业风险投资为权益资本，偏好于具有高成长性、高收益性以及风险性的创新企业，由于创业风险投资者一般为熟悉某一领域的专家，精通掌握投融资知识和创新项目评估技术，能够准确地判断创新项目的技术风险和市场风险，并根据创新项目的特点成立专门的管理团队，对创新项目进行跟进管理和阶段性投资，为处于不同时期的科技型企业提供融资支持和企业管理，大大推动了创新企业的成长，其退出是通过IPO出售股权、兼并、内部回购以及破产清算等渠道实现的，以获得高额回报，促进技术创新发展（张玉喜、段金龙，2016）。

（三）科技金融资源的信息揭示功能促进科技创新

科技型企业之所以总是面临融资难困境，主要原因在于信息不对称所致的信息失灵。信息作为一种现代市场经济的重要生产要素，其在资源配置中发挥着重要的作用。尤其对于具有正外部性、风险性以及不确定性的技术创新活动，信息是企业能够获得融资支持的关键因素，由此可知，信息是科技型企业获得融资支持的重要条件。科技金融资源的信息揭示功能主要是通过金融机构和资本市场对创新项目或科技型企业相关信息进行披露以解决信息不对称问题来实现的。科技型企业在融资过程中，投资者需要对创新项目或创业企业家进行评估，以确定创新项目是否具有成长性、收益性以及商业价值，从而决定是否对创新项目或者创业企业家进行投资。一般来讲，对创新项目与科技企业的评估涉及多个方面，主要包括创新项目信息、财务信息、市场价格、交易量以及公司经营情况等，这极易导致出现信息不对称现象，而信息不对称所产生的信息搜集成本、交易成本以及对企业或创新项目的评估成本又非常高昂，严重制约了普通投资者对技术创新项目进行投资的积极性，使得具有良好市场前景的技术创新项目难以获得资金支持。在此背景下，高昂的信息搜集、处理与交易成本加快了金融中介机构的出现。

由于金融中介机构与资本市场的融资方式不同，其对信息的揭示形式也不相同。科技型企业通过金融体系向投资者传递有关科技创新项目以及企业的财务、经营状况等信息以获得融资支持，这些信息为金融中介机构和资本市场的潜在投资者是否进行投资提供决策依据，有利于资金流向具有发展潜力、技术含量高的技术创新项目。金融中介机构在吸收存款或发放贷款的同时获取科技型企业的财务信息、经营状况等信息，特别是当前5G、大数据、区块链等新一代信息技术的深入渗透对于相关信息获取、整合、分析等方面可发挥重要作用，比如对于科创企业的估值不再局限于传统模式，而是会综合企业核心技术能力、技术储备和创新能力，以及技术变现对企业、社会发展影响等多方面因素。这样提供资金的储蓄者的信息和申请贷款的科技型企业的信息均被金融机构掌握，从而降低了双方之间的信息不对称，使得金融中介机构寻找投资者的信息搜集成本与交易成本降低。考虑到资金的安全性与收益性，金融中介机构在融资前与融资后均需要掌握企业的技术创新项目以及企业经营等相关信息。在融资前，金融中介机构对企业相关信息进行分析与处理，对企业的技术创新项目的发展前景以及企业的信用状况进行筛选和甄别，金融中介机构凭借专业的评估技术和由于信息的规模效应所形成的信息搜集与处理优势，可以遴选和甄别出最具发展前途的技术创新项目，降低信息搜寻与处理成本，使得投资者可以将资金投向由金融中介机构挑选出的具有良好发展前景的技术创新项目，有利于金融资源流向最具价值的科技领域，优化科技金融资源配置。在贷款完成后，金融中介机构需要对企业进行信贷配给与事后监督。

在资本市场中，技术创新项目的信息主要通过公开的信息披露机制直接传递给投资者，投资者根据其价格等信息对技术创新的性质以及发展前景进行分析、比较和甄别，并对企业或创新项目的前景做出判断，从而使科技型企业获得资金支持。创业风险投资机构是集资金与人才的机构，其通过专门的评估技术对创新项目信息及企业经营等信息进行处理，分析创新项目的获利性及发展前景，进而决定是否投资。

（四）科技金融资源的项目治理功能促进科技创新

科技金融资源的拥有者通过激励与约束机制对创新项目或企业进行治理，确保能够获得预期的回报。科技金融资源配置是一个由政府、科技型企业、金融机构等多个主体参与的复杂过程，主要围绕科技型企业的技术创新活动进行融资安排。当科技型企业的技术创新活动受到资金的约束时，需要进行外源融资以获得所需的资金，如向银行申请贷款、发行股票或债券、从创业风险投资机构获得风险资金等，但是资金往往需要企业放弃一部分控制权来获得，从而导致企业的控制权和所有权分离。由于提供资金支持的投资者不能时时监督创新项目的进展情况和企业经营情况，容易导致投融资双方的信息不对称，从而产生资本提供者的逆向选择行为和资本需求者的道德风险问题。金融体系的制度设计就是为了确保资本提供者能够获得预期的回报，这种制度设计所产生的成本使得科技创新主体为了获得科技金融资源支持而规范自己的行为，这种成本主要表现为融资成本，如向银行申请贷款所需的抵押品，企业上市需要满足的最低门槛等。金融中介机构、科技资本市场等其他投资主体为逐利性机构，为了追求利益最大化以及资金的安全性，金融中介机构与科技资本市场在为科技型企业的技术创新活动提供融资支持时，为避免企业家的道德风险情况出现，资本提供者会通过对企业或项目进行事前评估、事中和事后监督等来确保得到预期回报。

1. 金融中介机构的项目治理功能

银行等金融中介机构通过约束机制实现对创新项目的治理，促进科技创新，主要表现在银行等金融中介机构对创新项目或企业的事前评估、事中和事后监督方面。事前评估主要指银行等中介机构凭借自身专业的评估技术对项目的获利性、发展前景以及企业的经营状况和信用状况进行评估，以筛选和甄别出优质的技术创新项目，当银行一旦确立要向创新企业发放贷款时，会通过契约的形式对贷款额度、贷款利率、还款方式、违约责任等进行明确的规定，以对创新企业对资金的使用形成一定的约束力。事中监督阶段，由于进行科技贷款企业的所有权掌握在少数的企业股东手中，因此，银行等金融中介机构主要对企业实行外部监督以确保获得预期回报。金融中介机构利用其信息生产的专门性主要对企业进行外部监督，随时关注借款人资金流的变动情况，及时掌握资金使用情况，从而产生监督信贷资金使用情况的约束机制，一旦企业的经营状况或财务信息发生不好的变化，或者技术创新项目资金未专款专用，金融中介机构会采取相应的措施收回贷款，如变卖企业申请贷款所提供的抵押品，提前收回贷款等。事后监督阶段，根据技术创新项目的执行情况、获得的预期回报情况以及失败补偿情况，银行等金融中介机构对创新企业采取一定的措施将损失减小到最小，如出现违反合约或创新项目失败无法获得预期回报时，银行可以通过破产清算收回一定额度的贷款，当创新项目获得成功时，银行可以通过对创新企业信息的掌握进一步展开与创新企业的合作，降低信息处理成本和交易成本，有利于形成银行等金融中介机构促进科技创新的良性循环。

2. 资本市场的项目治理功能

资本市场的资本提供者主要通过约束和激励机制实现对创新项目的治理。约束机制主要表现在：一是对于需要通过上市获得融资支持的企业来说，公开信息披露与上市门槛都是对创新企业的前期评估，通过筛选将经营状况差或信用情况差的企业淘汰，从而对创新企业形成约束力；对于投资者来说，当企业通过筛选成功上市后，投资者可以通过公开信息披露了解和掌握创新企业的经营状况、财务状况等，并对其进行评估，以选择优质的创新项目，确保得到预期回报，这对创新企业也产生了一定的约束力，降低创新企业的道德风险。由于创新企业在上市过程中一直处于投资者的外部监督中，投资者可以"用脚投票"对创新企业形成软约束，可以根据创新项目的价格变动决定是否继续持有该创新项目的股票或债券，由此产生的股价波动会对创新企业的资金流动以及再融资能力产生影响，形成潜在接管机制，从而对创新企业形成一定的压力，使得创新项目负责人积极进行技术创新，以确保投资者利益的最大化。其激励机制主要表现在：资本市场的市场化运作，通过价格变动引导资金从低效率部门流向高效率部门，即"优胜劣汰"的选择机制，使得具有高技术含量、高回报以及良好发展前景的技术创新可以迅速地获得资金支持，从而降低了融资成本和信息交易成本。由于资本市场直接将资本需求者与资金供给者联系起来，投资者通过购买股票或者债券直接完成对创新项目或企业的投资行为，并未签订合约以确保预期回报的获得，当企业上市后并未达到预期的目标时，投资者只能自行承担所造成的损失，所以制度化的外部并购市场是主要的事后监督手段。

第五章 科技基础设施资源配置研究

第一节 科技基础设施资源界定及分类

一、科技基础设施资源内涵

当前科技发展日益向全球化、综合化趋势发展，这种变化使得科技研究从传统科研模式向"大科学"时代迈进。而与之相伴的则是出现了大量独立的关联设备系统集成、支撑广大研究群体共同研究的大型科学基础设施（褚怡春等，2017）。国际经验已表明，科技基础设施是一国开展国际领先基础研究、拓展科技前沿、取得重大原始创新的重要前提，据统计，21世纪以来50%以上的诺贝尔物理学奖成果是基于以大设施为代表的科学基础设施产生的，比如利用大型强子对撞机（LHC）发现了希格斯粒子，利用激光干涉引力波天文台（LIGO）探测到了引力波（王婷等，2020）。

关于科技基础设施内涵学界并没有统一结论，但有一些学者或机构根据自己的研究需要给出了一些相对得到广泛认可的定义。从国外来讲，美国国家科学理事会在2003年发布的《21世纪的科学与工程基础设施建设》报告中认为科技基础设施是为了满足科学和工程界的需要或是为了科学家完成他们的研究任务所提供的必要的工具、服务、设备装置，并认为其包括硬件（工具、设备、仪器、平台和设施等）、软件（计算机运行系统、图书馆、数据库、数据分析和解译系统以及通信网络等）、技术支撑和保持设施有效运转的服务、为设备的安装、运行、共享及使用提供必要的特殊环境和设施。从国内来看，彭洁和涂勇（2008）在对已有研究、国家中长期科技规划战略研究文件的梳理中较早对科学基础设施内涵进行了系统研究，他们认为科技基础设施包括物质和信息基础、组织形态和人文环境三个层次，并分别对这三个层次的具体内容进行详细分析。陈套（2015）认为重大科技基础设施是指通过较大规模投入和工程建设来完成，建成后通过长期的稳定运行和持续的科学技术活动，实现重要科学技术目标的大型设施，是科学研究的重要工具。

除了学术界对科技基础设施内涵进行研究，国家相关机构也从价值角度对以科学仪器设备为代表的科技基础设施内涵进行了界定，代表性的观点如下。

高校对我国科学仪器设备的界定。根据教育部《高等学校仪器设备管理办法》的定义，单价或者成套价值在人民币10万元以上的仪器设备为贵重仪器设备，即仪器设备。部队院校仪器设备是指单价在8万元以上，使用期限在五年以上，主要用于教学、科研、医疗活动，并在使用过程中基本保持原有物质形态的特殊专用物质形态的设备资产。

财政部会同科技部、教育部、中国科学院等相关部门制定的《中央级新购科学仪器设备实行联合评议工作管理办法试行》中明确给出了科学仪器设备为价格在200万元人民币以上，在科学研究、技术开发及其他科技活动中使用的单台或成套仪器、设备。

二、科技基础设施资源的构成

（一）物质基础设施资源

主要指仪器、设备、实验装置、科技基础材料、大型科技设施等。多年来，由于这些基础设施的使用主体多是大型高等院校、科研院所，使得这些设施资源具有较高的使用壁垒，许多不具备一定资格的个体和团体无法使用或面临较高使用成本，造成技术上的排他性和消费上的竞争性。不仅如此，还造成了科技基础设施的使用效率不高、重复购置、浪费。为此，国家先后出台了《国家重大科研基础设施和大型科研仪器向社会开放的意见》《国家重大科研基础设施和大型科研仪器开放共享管理办法》等政策文件，以提高科研基础设施使用效率，充分释放服务潜能。根据相关部委考核结果显示2019年我国科研设施和仪器运行年均有效工作机时为1 440小时，比2018年增长100小时，平均共享率为16%，总服务收入为18亿元，比2018年增加6亿元。[①]

（二）信息基础设施资源

主要指科技信息、计算机软件、数据及其存储在不同介质的载体等。如科技基础数据库、自然科技资源库、科技文献资源库、信息网络设施等。以科技基础数据库为例具体分析。科技基础数据库主要由科技基础数据和科学实验数据组成，它们的使用主体不仅包括大型院校和科研院所，也包括各种对这些数据有需要的个人和团体，这一特征就使得其比大型仪器类使用壁垒较低。只要对它有使用需求，通过向有关授权单位提出使用申请，一般都能较容易获得所需数据，消费竞争性相对较弱。

（三）组织平台基础设施

如果从系统性角度来看，科学基础设施资源除了上述提到的物质、信息基础设施之外，还应包括管理、使用物质、信息资源的场所或空间，是以组织形态存在的科技基础设施，这可以看作是科技基础设施概念的外延。根据国务院2006年颁布的《国家中长期科学和技术发展规划纲要》中提到的，组织平台类科技基础设施主要包括：国家研究实验基地、大型科学工程和设施、科学数据和信息平台、自然科技资源服务平台、国家标准计量和检测技术体系等。发达国家都高度重视组织形态科技基础设施建设，并将其建设、运行和开放作为国家综合科技实力的象征之一，例如欧洲核子中心、美国能源部的国家实验室、德国赫姆核兹中心、英国STFC等都是基于重大科技基础设施的大研究机构，对科学前沿突破和技术创新发挥了重大作用。

三、科技基础设施资源分类

科技创新的复杂性、科研活动目标的多维性使得科技基础设施资源种类繁多，且研究视角不多科技基础设施资源可以有不同的分类，下面主要从科技基础设施资源的获取方式、设施的应用领域、科学用途三个方面进行

---

①刘根，利用率持续提升支撑力显著增强[N]，科技日报，2019-11-21（03）

介绍。

（一）按获取方式分类

按照科技基础设施的获取方式可以分为购置、研制、赠送和其他。研制科学基础设施包括自主研制，委托研发机构研制以及本部门和研发机构共同研制三种。赠送仪器设备主要是制造企业或者国外的合作伙伴为了巩固合作关系，而赠送的科学仪器设备，目的是为了更好地实现合作。当前，我国重大科技基础设施数量、规模偏少偏小，技术水平总体上以跟踪为主，在科学与技术上能达到国际领先水平的设施很少，与科技强国存在差距。

购置科技基础设施按照经费来源还可以分为单位自有资金购买、国家科技支撑（攻关）计划购买、国家社会科学基金购买、国家重大科技专项购买、国家自然科学基金购买、火炬计划购买、星火计划购买、地方科技计划项目购买、公益性行业科研专项购买、985工程购买、211工程购买、863计划购买、973计划购买以及除上述国家计划外由中央政府部门下达的重要课题等。

（二）按科技基础设施的应用领域分类

由清华大学、中国科学院等科研机构联合开展的"大型科学仪器设备资源的建设与整合"项目对我国科技基础设施资源基本情况开展调查研究，并搭建平台把分散在全国各地仪器中心、分析测试中心、实验基地等各个点上的科学仪器资源信息、仪器工作状态信息、分析测试资源信息、大型实验装置、与设备共享相关的信息和知识资源等集中在统一平台上（吴澄等，2010）。并提出按照科学仪器设备的应用领域可分为分析仪器类、物理性能测试仪器类、计量仪器类、电子测量仪器类、海洋仪器类、地球探测仪器类、大气探测仪器类、天文仪器类、医学诊断仪器类、核仪器类、特种检测仪器类、工艺实验仪器类等12类。其下还会有具体的细分领域分类。

（三）按科学用途分类

也有一些学者（王贻芳、白云翔，2020）认为科技基础设施资源，特别是重大科技基础设施的发展是为了实现国家战略目标，同时也是人类探索未知的重要工具。因此，可按着科学用途对科技基础设施资源进行分类。

第一类是专用研究设施，这类设施是为特定学科领域的重大科学技术目标而建设的研究装置，如正负电子对撞机、核聚变实验装置、宇宙线观测站、天文望远镜、天文卫星、中微子实验装置等，专用研究设施有明确具体的科学目标，依托设施开展的研究内容、科学用户群体也比较集中。

第二类是公共实验平台，这类设施主要为多学科领域的基础研究、应用研究提供支撑性平台，例如同步辐射光源、X射线自由电子激光装置、散裂中子源等。这一类装置为多个科学领域的大量用户提供实验平台和测试手段，比如正在建设的高能同步辐射光源，将为凝聚态物理、材料、化学工程、能源环境、生物医学、航空航天等领域的科学家提供从静态构成到动态演化过程的多维度、实时、原位的微观结构表征，从而理解并掌握物质结构，特别是微观结构的客观规律，为相关基础科学研究及其应用提供关键支撑。

第三类是公益基础设施，这类设施主要是为国家经济建设、国家安全和社会发展提供基础数据和信息服务，属于非营利性、社会公益型重大科技基础设施，如遥感卫星地面站、长短波授时中心、野生生物种质资源库等。

四、科技基础设施资源的特点

科技基础设施资源是支持科学研究的重要工具，是一种战略性资源，是评价国家竞争力的一项重要指标，建设管理运行科技基础设施资源有助于国家科技创新能力的形成和发挥，对我国建设创新型国家具有重要意义。与此同时，科技基础设施具有其自身的特殊性，只有了解科技基础设施的特殊性是做好科技基础设施资源优化的前提条件。通过对现有研究进行梳理并总结出如下几点关于科技基础设施资源的特点。

（一）科技基础设施耗资巨大、成本高

科技基础设施特别被誉为科学创新基石，由于其建设耗资巨大、耗时极长，因此代表着一个国家科技实力的最高水平。一般来讲，科技基础设施的高成本主要表现在两个方面：一是科学仪器设备的采购成本高，根据国家科技基础条件资源调查结果显示，全国约有7.3万台（套）大型科学仪器设备原

值都超过50万元，目前我国科学仪器设备的平均设备原值高达135万元。[①]另一方面表现在科技基础设施的更新和维护维修费用高，科学仪器设备结构复杂，工作原理复杂，一旦出现故障，排除故障需要专业的人员进行维修，更换设备零件等，一般仪器设备的零部件需要专门的生产厂家，在维修过程中会产生较高的费用。比如欧洲同步辐射光源建设初期总投资达到2.2亿法郎，每年还要有20%的经费预算用于设施更新投入（邰媛莹等，2018）。据测算，我国重大科技基础设施每年运行费、升级改造费约为建设经费的10%。[②]

（二）科技基础设施具有基础性公共性

科技基础设施是探索未知世界、发现自然规律、实现技术变革的物质、信息和组织基础，因此科技基础设施的一个重要特征就是具有基础性，比如华中科技大学牵头建设的精密重力测量研究设施，通过对地球重力场的测量，获取基础性数据，为地球科学、资源勘探、重力导航等基础研究提供了必要手段（葛焱等，2018）。同时，由于科技基础设施建设体量大，超出了一个机构甚至一个国家独立投资或运行的能力范围，使得其具有一定的公共产品属性。这就决定了科技基础设施建成后要对全社会开放共享，用户范围可涵盖高校、科研院所、企业、社会研发机构等，以此来释放科技基础设施服务潜能，为科技创新和社会需求提供有效服务。

（三）科技基础设施具有超前性

科技基础设施特别是国家重大科技基础设施都是为重大前沿研究提供极限研究手段的大型复杂科学研究系统（朱鹏舒，2017）。由于要解决的都是难度极大、集成度极高的科技前沿问题，必须要经过长期研究，开展先期探索，这就使得科技基础设施要先于具体科学研究计划进行超前探索、预研。在多次论证基础上，明确科学目标和工程目标，凝练拟解决的关键科学问题，组织一定规模、一定水准的科研队伍开展长期预研和探索，突破大量科学难关之后，才能提出承建申请。比如清华大学和雅砻江流域水电开发有限

①刘根，利用率持续提升支撑力显著增强[N]，科技日报，2019-11-21（03）

②陈卓，重大科技基础设施建设竞争加剧，澎湃新闻，2021-04-10，https://www.the.paper.cn/newsdetail_forward_12142825

公司共同建设的"极深地下极低辐射本底前沿物理实验设施"（简称锦屏大设施）就是经过十年左右的前期预研和一期、二期工程建设，才确立了最终的立项基础，提出了申请方案，并于2020年12月正式开工建设。这是中国首个、世界最深的极深地下实验室，为我国粒子物理和核物理领域的重大基础前沿物理问题研究提供平台支撑。

（四）科技基础设施的协作性强

科技基础设施不仅是具有先进技术特性的科学专用设施，也是包含多个主体目标和期望的社会资本（陈光，2014），在支撑科学知识生产过程中包含了诸如研究者、数据、社会网络等多种要素相互交织，特别是科技基础设施建设运行都需要大量资源，这就需要跨学科、跨机构、跨部门甚至跨地区合作，使得科技基础设施具有综合性特征。比如位于广东东莞中国散裂中子源是中科院牵头建设的重大科技基础设施，是中国首台、世界第四台脉冲型散裂中子源，将为我国材料科学技术、生命科学、资源环境、新能源等方面的基础研究和高新技术开发提供强有力的研究手段，这一设施除了主体设施外还需要广东省投资5亿元用于辅助设施和配套建设。[1]除此之外，科技基础设施的综合性还体现在强大的创新支撑能力和人才承载能力，使得设施成为不同国家、不同学科，以及科学界与工业界之间的枢纽。重大科技基础设施不仅是开展科学研究的平台，还是技术成果、人才和资本动态交互的中心，伴随着创新知识、应用技术向周边地区的溢出，对设施所在地的科技、教育、社会经济有重要的影响。

（五）科技基础设施的综合效益大

科技基础设施的综合效益主要包括科学效益、社会经济效益。毋庸置疑，科技基础设施在推动科技创新、拓展人类对自然认识方面发挥了重大作用，因此，科技基础设施相比于其他基础设施而言具有显著的科学效益。另一方面，重大科技基础设施在关键技术问题上的突破是推动产业经济发展的重要手段，具有强大的社会经济效益，比如同步辐射光源作为产生同步辐射

---

[1]陈启亮，我国首台散裂中子源在东莞建成[N]，南方日报，2018-03-26（01）

的物理装置不仅在物理、材料、生物和生命科学、医学、化学、环境和地球科学领域提供了重要的支撑，也为制药、采矿、石化、先进材料、电子、制造和健康等多个行业领域提供了先进的技术手段，还作为制造技术在制造微芯片的光刻技术、生产同位素分离的微型机械部件、制药、化妆品、食品、塑料、造纸、化工、建筑、冶金、矿业和矿产、微加工等方面提供先进技术手段（李泽霞等，2019）。

第二节   科技基础设施资源对科技创新的作用

一、科技基础设施资源对创新的重要意义

随着世界科学技术快速发展，科学研究的规模不断扩大、内容不断深化，需要有能量更大、密度更大、时间更短、强度更高的科技基础设施资源出现，以不断推动创新进一步发展。因此，持续推进科技基础设施特别是重大科技基础设施的建设运行对创新有重要意义。

（一）增强原始创新能力，提高国家核心竞争力

改革开放四十多年来，我国科技创新取得了重大突破，创新实力跃上新的大台阶。特别是自党的十八大以来，创新驱动战略全面实施，取得了一系列创新成就，研发经费投入仅次于美国位居世界第二，投入强度超过欧盟15国平均水平，研究人员总量稳居世界第一位，重大科技基础设施的数量和种类已经基本接近发达国家的水平。但随着我国综合实力大幅提升，原有国际秩序发生重大变化，世界进入百年未有之大变局。突出表现就是以美国为首的西方国家对中国实施的科技战、科技封锁，从对华为、海康威视等单体进行科技打压到如今对有关机构、高校、企业等实体列入限制清单。我国所面临的科技创新外部环境日益恶劣，以往以引进吸收、再创新的创新发展模式日益受限，科技自立自强成为创新发展核心，而科技基础设施发展水平最能反映出自主创新能力高低，世界科技强国无不是借助高水平科技基础设施推进了基础研究深度进而提升了前沿技术创新高度。

（二）应对世界重大科学问题挑战，产生重大基础科学突破

科技基础设施是现代前沿科学研究取得重要突破的必要条件。20世纪中叶以来，科学技术发展中出现了一个新的态势，即许多科学领域的进一步发展或者说突破，都离不开重大科技基础设施。重大科技基础设施的建设为人类提供了解决科学研究瓶颈问题和探索自然奥秘极限的能力，使科学研究有可能在微观化、宏观化、复杂化等方面不断深入，从而取得重要发现（徐文超、艾轶博，2011）。比如强磁场作为现代科学研究追求的极端实验条件之一，在物理、化学、材料、生物等众多基础和前沿科学研究领域有着极为重要的支撑作用。有资料显示，自1913年以来，已有19项与强磁场有关的重大科学成果获得了诺贝尔奖，如量子霍尔效应、分数量子霍尔效应、磁共振成像等。[①]而脉冲强磁场实验装置则成为这些科学突破的重要设施支撑。

（三）聚集科技创新团队，培养高层次创新人才

人才是科技创新的核心要素，科学发展的历史证明，没有世界一流的科技人才，就难以取得世界一流的重大科学发现和技术突破。而科技人才开展科学研究、探索未知世界需要借助各类科技基础设施，先进的科技基础设施对于世界各国研究者具有很强的吸引力。世界科技强国都建立了具有全球视野、能够吸引并充分发挥全球人才作用的人力资源体系，通过国家重点实验室、基地、大科学装置等科技基础设施"筑巢引凤"是国际上人才吸引和培育的重要策略之一。与此同时，科技基础设施的设计、运行和研究也需要很多具有尖端技术背景的科技人才参与。通过建设和运行重大科技基础设施，不仅能够培养和聚集国内具有创新精神的高水平科学家以及高素质的科学研究队伍，还能吸引国际顶尖的科研学者加入重大科技基础设施的建设和科学研究中来。比如大型强子对撞机（LHC）所在的欧洲核子中心（CERN）合作成员国有70多个，拥有大约2 500名员工，还有来自110个国家的大约12 200位

[①]齐芳、李陈续、李睿宸，我国又添科研重器世界舞台创新竞技[N]，光明日报，2017-09-29（10）

科学家和工程师在此开展合作研究。①

（四）建设世界一流大学，支撑多学科发展

重大科技基础设施建设与高校发展存在着十分紧密的关系，对世界一流大学的建设具有着重要的支撑性作用。世界发达国家科技基础设施建设经验不断验证，高校依托重大科技基础设施建立国际化科研机构和平台，持续高效开展高水平的知识创新活动，会促进高校产生创新成果，成为世界一流大学。比如美国依托高校建设大科学设施，逐渐促使一些高校从松散的自发性小科学研究模式转换为瞄准国家目标和科学前沿、集聚优秀科研人员、开展跨学科研究的大科学研究模式，大幅提升了整体创新水平，实现了跨越式发展，促使这些建设重大科技基础设施的大学进入了世界一流大学行列。因此，重大科技基础设施的建设和运行将促进我国高校引领科学发展前沿，建设和发展新兴和交叉学科，培养和聚集学术大师，产生重大科研成果，有力支撑我国高等学校早日建设成为世界一流大学。

（五）推动技术创新与产业升级，带动区域经济社会发展

一般来讲，科技基础设施建设不仅需要专业科学知识，同时对于设施制造水平和工艺精度也有极高要求，可以说每一个重大科技基础设施都是性能卓越的研究工具，为了保持设施的先进性，其建造的技术工艺指标都会高于上一代的同类设施，有些设施为了在一段时间内保持持续领先，在提出设计指标时还要考虑一定的超前性，这就要求发展更高的技术和工艺（王贻芳、白云翔，2020）。这些前所未有的指标要依赖相关装备制造行业来实现，参与建设的企业需要通过不断地技术创新才能达到这一目标。比如美国的费米实验室为了建设Tevetron加速器，开发了低成本批量建造超导磁铁的技术，其直接应用就是使核磁共振成像（MRI）技术走出实验室进入医院，让全世界受益。武汉光电国家实验室建成后将全面提升武汉原始创新能力，催生武汉战略性新兴产业，为中部崛起、长江经济带发展带来广阔的辐射效应，为推动

①欧洲核子研究组织（European Organization for Nudear Research, CERN）, https：//home.cern/about/who-we-are/our-people

武汉"中国·光谷"迈向"世界光谷"提供战略支撑。①

二、发达国家科技基础设施发展状况

（一）美国科技基础设施发展状况

科学是"永无止境的前沿"，科学问题不断增长的核心是对科学仪器需求的不断增长（丹尼尔，2020）。自二战开始，美国借助"曼哈顿计划""阿波罗计划""人类基因组计划""信息高速公路"等大科学计划部署建设了以费米直线加速器、哈勃太空望远镜、大气辐射测量、先进光源、国家球形环核聚变装置、相对论重离子对撞机等一批重大科技基础设施（王贻芳、白云翔，2020），很快在高能物理、核物理、天文、能源、纳米科技、生态环境、信息科技等研究领域取得一系列突破。与此同时，利用二战期间开发或加速发展的技术，制造企业每年对具有强大的多功能性科技基础设施推陈出新，使得凡是没有配备最前沿装置的实验室在残酷的科学研究竞争中处于劣势。因此，先进科技基础设施成了美国产生重大科学发现，催生先进技术，造就和集聚高端人才的重要载体，支撑美国国家安全和经济社会可持续发展，维持世界头号科技强国的地位。

（二）英国科技基础设施发展状况

英国开展科技基础设施建设大约是在19世纪末、20世纪初，重点支持军事装备，推动了核工业、航空业诞生发展。从2010年开始，英国对科学基础设施发展计划进行年度更新。2012年发布了《为经济增长进行投资：面向21世纪的科研基础设施投资》（柯妍，2018），并且于2012年财政预算中，拿出1亿英镑用于科研基础设施建设；2014年，发布了面向未来10年的科学与创新发展新规划——《我们的增长计划：科学与创新》，该规划提出2016-2021年计划投资59亿英镑用于科研基础设施建设（刘云、陶斯宇，2018）。目前，英国有大约400个科技基础设施在正常运转和提供科研服务，有力推

---

①邢云，建设重大科技基础设施推动高端智能装备创新突破[N]，证券时报，2021-03-06（05）

动了科学创新发展。比如英国国家离子束中心（UK National Ion Beam Centre, UKNIBC）为英国和国际社会在离子束修改和分析方面的发展提供了指导，应用范围包括法医和文化遗产调查的材料分析、解决半导体、光子和量子装置的问题以及核反应堆安全壳材料的选择等。[1]

（三）德国科技基础设施发展状况

德国有着深厚的科学根基，虽然历经两次世界大战、国家分裂，但依然是欧洲科技发展的领头羊。德国发展科技基础设施始于20世纪五六十年代，到目前约有80余个处于运行、在建或规划的科技基础设施，其中有代表性的如欧洲X射线自由电子激光装置（E-XFEL）、电子同步辐射加速器（DESY）、欧洲极大望远镜（E-ELT）等都属于具有全球影响力的重大科技基础设施，基本覆盖了能源科学、生命科学、地球与环境科学、材料科学、空间与天文科学、粒子物理与核物理科学、工程技术科学等主要学科领域，为德国的科学进步和经济发展提供了重要的技术支撑（樊潇潇等，2019）。德国科技基础设施建设管理由亥姆霍兹联合会（HGF）进行，作为德国最大的科研组织，在德国联邦政府及州政府的共同资助下，亥姆霍兹联合会的重大科技基础设施支撑了近200个学科领域的研究活动（李宜展、刘细文，2019）。

（四）俄罗斯科技基础设施发展状况

作为传统科技强国，俄罗斯自苏联时就十分重视科技基础设施的发展，虽然历经苏联解体使科技发展有所停滞，但继承了苏联绝大多数科技资源的俄罗斯依然在世界重大科技基础和应用研究领域占有重要地位，特别是在航天、热核和加速器等领域位居世界先进行列（吴淼等，2015）。20世纪90年代，俄罗斯开始打造独有科研装置。2011年俄罗斯联邦政府建造首批6个大科学装置，包括"点火器"强磁场托卡马克装置（IGNITOR）、高通量束流反应堆（PIK）、"尼卡"重离子超导同步加速器（NICA）、第四代特种同步

---

[1]陈海涛、张新玲，英国研究基础设施概况：多样性大平台研究基础设施助力科技创新[J]，创新研究报告，2018（23）

辐射光源（SSRS-4）、基于超强激光的极端光场研究中心（XCELS）和"魅陶子工厂"（Super Charm-Tao Factory）正负电子对撞机（刘娴真，2018）。2018年，俄罗斯总统普京提出"新五月法令"，意欲加强基础研究和科研基础设施建设，至2024年要建立先进的科技研发创新基础设施，将重点科技研发机构的仪器设备更新率提升至50%以上。

（五）日本科技基础设施发展状况

20世纪70年代开始，日本大力发展具有世界一流水平的大型尖端科技基础设施，1986年出台《科技技术政策大纲》，将"加强科技振兴基本条件建设"当作推进科技政策的重要措施，大大促进了大科学装置建设的发展；1997年实施"知识基础建设推进制度"，建立起各种学科的大型数据库、生物及遗传基因库等科技基础设施与条件平台（孙莹、赵凌飞，2011）。自1996年以来，日本已成功建立了回旋加速器Spring-8、正负电子对撞机（B介子工厂）等一批全球最先进的重大科技基础设施。2020年，日本"顶级神冈"中微子探测器项目正式启动，计划于2027年开始收集数据，将与中国的"江门中微子实验"（JUNO）、美国的"深层地下中微子实验"（DUNE）各展所长，进一步探讨宇宙起源及演化。[①]

三、科技基础设施资源对创新的作用机理

科技基础设施对创新能力建设、创新水平增强、创新效率提高有着重要的影响和作用，这一直观感受在得到许多学者开展的定性研究验证后已得到学界普遍认可。最近的研究如王贻芳、白云翔（2020）从重大基础科学突破、多学科发展、造就一流人才团队、技术创新与产业升级、国家创新体系提升等几个方面，通过典型事例定性分析指出科技基础设施对创新的重要作用。但科技基础设施对创新的作用方式、路径、影响程度等更深层次的，作用机理方面的认知还需要定量分析给出答案，方可据此在政策层面提出更有效的建议。

---

①刘霞，"顶级神冈"中微子探测器项目正式启动[N]，科技日报，2020-02-17（08）

（一）科技基础设施与创新的作用关系

从理论上来讲，科技基础设施与创新能力提升之间存在着多维、动态和复杂的关系，具体表现为：一是科技基础设施参与创新活动的多维性既体现在多领域应用，比如可用于农业、医药卫生、建筑建材、航空航天等行业领域，又体现在多创新主体应用，主要是指各种科研单位、企业以及第三方测试服务机构等多类型应用主体，在科研、教学、新产品或新材料的研发、新方法的创新等方面发挥功能（袁伟、范治成，2018）。二是科技基础设施可提供多样性创新服务，特别是那些具有综合性特点的科技基础设施既可面向大宗需求开展常规性观测、测量、分析等的广度服务，又包括满足高质量、高水平的服务需求而投入大量人力和创新型思维的深度服务，比如中国散裂中子源，在不到一年的开放运行中，就完成用户课题101个，涵盖了新型锂离子电池材料结构、斯格明子的拓扑磁性、自旋霍尔磁性薄膜、高强合金的纳米相、太阳能电池结构、芯片的中子单粒子效应等基础研究方向，同时也开展了航空材料、可燃冰、页岩、催化剂等应用研究（王贻芳、白云翔，2020）。

通过对文献进行梳理可以发现，学界探索科技基础设施对创新作用机理的研究进路大致有两类。

1. 科技基础设施对创新的单向影响

科技基础设施之所以能对创新活动产生作用，根本在于两者之间存在的内外关系（王卷乐等，2007）。从外在关系的角度看，科技基础设施作为物化的科技投入成为创新活动所需的硬环境，与创新政策、激励机制等软环境一起成为创新活动的支撑；与此同时，科技基础设施为人类观察世界的功能延展提供了有效手段，其精度决定了科研人员认识世界的深度和广度，所以前沿、高尖端科技基础设施建设吸引、集聚领军科研人才，不断推出高质量创新成果。从内在关系的角度看，科技基础设施作为创新链上的节点，其发展过程带动了特定领域和相关领域的科技创新，而创新的进一步发展对科技基础设施提出了更高要求。

基于此分析逻辑，李平、黎艳（2013）从资源配置效应、知识平台效应、人力资本效应、协同创新效应四个维度对科技基础设施的创新贡献度进行分析，研究认为科技基础设施可显著促进技术创新，只是其中科技物力基础设施的创新贡献度要弱于科技知识基础设施的贡献度，但如果能借助平台效应将两者结合在一起则能最大化创新产出。值得注意的是，在考察科技基础设施对创新的作用机理过程中，如何度量科技基础设施呢？一些学者（段福兴等，2015）在综合考虑了科技基础设施内涵基础上，尝试构建科技基础设施的指标体系，学者们从物化投入和知识投入两个维度选出具有较强代表性的13个指标，运用因子分析法确定了包含两级的科技基础设施指标体系，并进一步利用全国省级层面科技统计数据聚类分析科技基础设施区域创新能力的区域差异，研究显示全国可划分为五种科技基础设施驱动创新模式，分别是强知识型（如北京）、强物化型（如广东）、偏知识型（如上海）、偏物化型（如安徽）和无偏向型（如河北）。

也有学者（袁伟、范治成，2018）构建了一个创新能力影响因素模型，将科技基础设施、人力资源、服务项目层次、开放环境诸要素集中在一个分析框架下开展讨论，形成了一个科技创新循环网络：科技基础设施前沿性、先进性是形成高水平科技创新产出的必要条件，越是价值大、购置时间近的科技基础设施越能代表先进的科技水平；而先进的科技基础设施需要高水平科研人员使用方可"活化"，一方面领军人才的学术影响力、资源凝聚力可有效提高科技基础设施使用效率，另一方面科技基础设施操作人员的水平高低也对设施利用效率产生影响，进而影响创新产出；除此之外，不同层次项目对于科技基础设施探索新方法、应用新试验媒介、突破新设备极限值有显著差异，也影响了创新活动效果；另外，科技基础设施使用时长、开放时长越多，意味着设施利用率越高，则科技创新网络聚集资源的能力越强，对创新产出的支撑越大。

2. 科技基础设施与创新的交互影响

虽然不少学者认为科技基础设施对创新的影响是单向作用机制，但也有一些学者认为科技基础设施投入与创新之间可能是相互影响的关系，即存在交互效应（潘雄峰等，2019），其背后理论逻辑是：一方面科技基础设施投入增加了科研规模，一定程度上降低了研发成本，使得研发活动变得更加便利，促进了创新发展；另一方面，政府创新需求驱动财政经费支出向科技基础设施倾斜，与此同时，创新技术的应用推广可大幅降低企业生产经营成本、增加利润，在增收效应下吸引更多民间资本参与科技基础设施投资。

关于科技基础设施对创新作用机理的研究中，除了上述涉及直接影响的研究外，还有一些拓展研究。李平等（2014）认为科学研究既需要自立自强，也离不开创新主体的知识共享与合作，提升科技创新能力绝不能关起门来搞创新，而是要充分吸收、利用外来技术，实现二次创新，这其中，科技基础设施如何促进二次创新效率是一个很好的观察视角。研究者利用省际面板数据分别构建科技基础设施和技术引进的量化指标，实证分析科技基础设施和技术引进与创新之间的关系，研究发现科技基础设施与技术引进是促进中国技术创新的重要力量，特别是科技基础设施的建设与完善，有利于消化吸收引进的技术，实现自主式的二次创新，只是创新效率存在显著的区域差异。

根据研究目的创新活动可分为基础研究、应用研究、实验与发展研究三类。因此，更进一步的问题就是科技基础设施对这三种类型创新的影响有什么不同呢？对此，有学者（林卓玲、梁剑莹，2019）从基础研究和科技基础设施交互作用的视角，分析基础研究、非基础研究和科技基础设施之间对创新产出形成的协同效应和影响规律。研究结果显示不论是基础研究还是非基础研究，都可以在科技基础设施支撑下对创新发展有显著正向促进效应，其中基础研究与科技基础设施的协同作用能对区域创新产生影响，只是这种影响存在区域差异。

（二）方法与指标选择

理论分析已阐明科技基础设施投入对创新有支撑作用，因此从本质上讲两者之间关系可用"投入—产出"模型来刻画。而用于描述创新的模型多采用1979年兹维·格里利克斯（Zvi Griliches）提出的知识生产函数（李强等，2006），用以表征科技基础设施资源投入与创新产出的关系。

科技基础设施内涵丰富，包括了仪器设备、实验基地、科技文献等不同形态的科技资源，因此在实证分析中为了更精准揭示其对创新的影响程度，需要遴选更能刻画其特征的统计指标。现有研究将科技基础设施细分为科技物力基础设施和科技知识基础设施，前者主要指大型仪器设备、重点实验室等科研硬设施；后者主要包括科技论文、科技图书文献和数字化图书馆等。其中科技物力基础设施采用科技活动经费内部支出中的固定资产购建费作为衡量指标，还可采用资产性支出、地方财政科技拨款、社会固定资产投资中的科学研究、技术服务和地质勘查业投资计划以及教育投资计划等指标；科技知识基础设施以发表科技论文篇数作为衡量指标。李平、黎艳（2013）则将科技活动经费内部支出中的非固定资产购建费作为科技知识基础设施的替代指标。

在实证分析中另一个重要变量是创新产出的指标选择。根据Griliches（1990）、Pessoa（2005）的研究认为可采用专利数据作为反映创新绩效的通用指标，原因在于此指标客观且易于获得，比其他指标更加接近商业应用，而且专利受理量较少受到审查机构等人为因素的影响。就实证分析中可能采取的方法选择来看，一般讨论科技基础设施对创新的单向影响效应时多采用单方程DK法估计标准误差的固定效应模型，林卓玲、梁剑莹（2019）分别用F检验、B-P检验、Hausman统计量检验为确定具体估计方法提供了分析依据。还有一些研究（潘雄峰等，2019）注意到科技基础设施投入与技术创新之间存在复杂的交互效应，认为如果采用单方程模型进行估计难免会产生内生变量偏差，所以选择设立联立方程模型对影响效应进行实证检验，采用的系统估计方法为"三阶段最小二乘法"（简称3SLS）。

第三节　科技基础设施资源配置现状及相关分析

一、科技基础设施配置现状

科技基础设施作为科技资源的组成部分为支撑科技创新和经济社会发展提供了重要的物质、信息、组织基础。2013年国务院颁布的《国家重大科技基础设施建设中长期规划（2012-2030年）》中明确指出重大科技基础设施是突破科学前沿、解决经济社会发展和国家安全重大科技问题的物质技术基础。因此，优化科技基础设施配置、充分发挥科技基础设施效能则成为科技创新的重要议题。2016年，国务院印发的《"十三五"国家科技创新规划》也明确提出要改革完善资源配置机制，引导社会资源向创新集聚，提高资源配置效率。这为科技基础设施配置提出了方向性指导意见。

（一）科技基础设施配置内涵分析

对可查询到的相关文献进行梳理发现，目前学界对于科技基础设施配置并没有一个清晰定义，可能原因在于科技基础设施本身的内涵非唯一性以及涉及内容众多。鉴于此，对于界定科技基础设施配置的内涵需要借助科技资源配置定义及其他相关替代性定义。一般来说，科技资源配置是指在一定时间和地域范围对各种科技资源进行有效分配，以保证其在科技活动各执行主体、相关领域和过程环节上得到合理使用（丁厚德，2001）。一些学者（陈立，2015）对科技基础设施中特定内容配置开展研究，比如大型科学仪器资源，认为大型科学仪器设备资源配置就是指在仪器设备稀缺的情况下，使稀缺的大型科学仪器设备最大限度保持一种合理的使用方向和数量比例，通过资源配置来提高稀缺性资源的有效利用从而满足不断增长的需求。综合以上观点可以发现，作为一种科技资源以及在科技创新中的特殊作用，科技基础设施配置内涵需要从两个层面来理解：一是能最大限度地满足科技创新的实验、研究和发展的需要；二是通过在不同层面、领域合理优化分配使得科技基础设施可发挥最大的作用，促进创新发展。

（二）科技基础设施配置现状分析及国际比较

1. 科技基础设施配置现状分析

自党的十八大以来，国家加大对科技基础设施发展力度。从政策层面，先后出台了《国家重大科技基础设施建设中长期规划》《国家重大科技基础设施建设"十三五"规划》《国家重大科技基础设施管理办法》等一系列规划措施，明确了我国科技基础设施发展方向和路径。从实施层面，随着国家加大了投入力度，我国科技基础设施发展迅速。以大型科研仪器为例，根据科技部重大科研基础设施和大型科研仪器国家网络管理平台数据显示，全国

50万以上大型科研仪器的保有量已经超过10万台套，其中分析仪器、工艺实验设备和物理性能测试仪器位居前三。[①]重大科技基础设施覆盖领域不断拓展，目前中国重大科技基础设施已涵盖物理学、地球科学、生物学、材料科学、力学和水利工程等20多个一级学科，对中国科技发展发挥着广泛的支撑作用（王丽芳、赫运涛，2019）。但值得注意的是我国科技基础设施自主研发还有待加强，每年有大量以科研仪器设备为代表的科技基础设施依赖进口，根据中国海关总署统计数据显示，2016—2019年我国大型科研仪器整体进口率约为70.6%，其中近50%的数量是从美国进口。[②]

从空间分布来看，我国科技基础设施配置存在显著的区域。中央和省级部门所属科研机构中有约1/4分布在华东、华北地区，大型仪器设备有45%集中在华北地区（石蕾、鞠维刚，2012）。更进一步分析可以发现，科技物质基础设施资源较多的四川、山东、陕西、黑龙江、湖北等省份的创新能力却远弱于广东、江苏、浙江，说明以知识、信息为代表的科技信息基础设施在驱动创新过程中发挥着主要力量（李立威、陶秋燕，2019）。

一、国外科技基础设施配置情况

科技基础设施对推动科学研究、国家安全发展的重要作用使得科技发达的国家都将其作为国家部署的重点。从规划、前瞻性研发布局、合作共享等维度开展科技基础设施配置。重视规划是各国科技基础设施配置的共同经验做法，比如欧洲自21世纪初开始制定科技基础设施路线图，其间经历了2006年、2016年、2018年三个版本战略层面规划，为欧洲科技基础设施发展进行部署（李泽霞等，2019）。开展前瞻技术研发和布局是欧美科技强国科技基础设施保持领先性的重要手段，比如美国自1984年开始每两年召开一次先进

[①]仪器强则国家强，仪器信息网，2019-12-11，https://www.instrumertt.com.cn/news/20191211/518767.shtml

[②]超七成依赖进口我国科研仪器发展之路任重而道远，仪表网2020-08-21，https://www.ybzhan.cn/news/detail/84885.html

加速器概念论坛，讨论先进加速器物理和技术的未来发展[1]。除此之外，如何科学合理利用科技基础设施资源满足科技发展需求，实现设施长期可持续发展也是世界科技强国一直关心的问题，合作共享无疑是很好的选择，比如欧洲在欧盟科技一体化发展和合作模式下，成立了先进中子源联盟（LENS），负责统筹管理中子源设施在相关技术及用户服务方面的发展路线，加强欧洲层面的科技合作和共享。[2]

二、科技基础设配置研究分析

关注科技基础设施配置的本源在于资源稀缺性，根据资源配置理论可知资源配置是使稀缺性的资源最大限度地保持一种合理的使用方向和数量比例，最终目的是通过资源配置来提高稀缺性资源的效率，从而满足不断增长的需求。因此，科技基础设施资源的配置就是为了满足科技进步对科技基础设施需求的不断增长，让科技基础设施在其应用领域中发挥最大的作用，创造科技、经济、社会价值。

（一）科技基础设施配置效率

科技基础设施配置研究的主要议题就是关于资源配置效率的研究。原因在于需要对规划周期内的科技基础设施配置结果进行评价，看其是否发挥了最大效能以及是否满足新的科学研究需求，并作为未来资源配置的客观参考和制定科技政策的重要决策依据（李美楠，2017）；另一方面，许多研究（范斐等，2013；李立威、陶秋燕，2019）通过实证研究指出科技基础设施资源配置效率存在区域差异。但由于科技基础设施内涵丰富，在考察其配置效率过程中难以使用单一指标予以完全代替。因此，一些学者尝试从科

①Advanced Accelerator Concepts Workshop.18th Advanced Accelerator Concepts Workshop[EB/OL].2018-08-12. http: //aac2018. org/.

②ESS.Highlighting Neutron Science as Fundamental to Addressing Society's Grand Challenges, a New Consortium Takes Shape in Europe[EB/OL].http：//222. 222. 8. 4：80/rwt/CNKI/https/MW4YE55RMWRX665RMFXGZZLVNFYX665QPW3GG3JPPNTB/article/2018/06/25//highlighting-neutron-science-fundamental-addressing-societysgrand-challenges.

技基础设施具体领域入手，通过研究代表性科技基础设施的配置效率来以管窥豹，比如聚焦大型科学仪器的配置效率。李美楠等（2016）利用数据包络分析法对全国30个地区的大型科学仪器资源配置情况开展研究，并从综合效率、规模效率两个维度进行实证分析，结果显示我国大型科学仪器资源配置效率地区差异性比较明显，需要加强对大型科学仪器资源管理和考核，加大大型科学仪器资源的共享力度。

根据前述关于科技基础设施内涵研究可以知道，科技基础设施资源除了包括大型仪器设备、大装置外，还有组织平台也属于科技基础设施范畴。因此，一些学者比较系统地研究了科技基础条件平台建设的环境、结构模式、管理体制、技术支撑、维护评估等方面内容，并通过国内外研究比对，为我国科技基础条件平台未来发展提出展望（卢明纯等，2010）。

（二）科技基础设施优化共享

科技基础设施特别是以科学仪器设备为代表的物质基础设施最大的一个特点就是开放性，因此科技基础设施资源配置追求的目标就是最大限度地利用与共享，尽可能多的为科研提供服务。世界科技强国很早就开始了对于科技基础设施共享的研究探索。美国20世纪50年代逐渐出现科技基础设施有限开放共享模式，仅限于科研交流；1980年颁布的Bayh-Dole法案从法律层面保障了科技基础设施的开放共享，1986年的联邦技术转移法案（FTTA）提出国家实验室与外界的开放合作可以通过合作研发协议（CRA-DA）形式开展，自此科技基础设施开放共享日益普遍，甚至出现网络化开放式创新趋势（冯伟波等，2020）。

当前，我国日益重视科技基础设施资源的统筹推进、资源共享，以提高资源利用效率，提升协同创新能力。国务院在2014年底就发布了《关于国家重大科研基础设施和大型科研仪器向社会开放的意见》，希望解决科研设施与仪器重复建设和购置等问题，提升科研设施与仪器资源利用率。2018年，科技部、发展改革委、国际科工局、军委装备发展部、军委科技委等五部分联合颁发《促进国家重点实验室与国防科技重点实验室、军工和军队重大试验设施与国家重大科技基础设施的资源共享管理办法》，从国家政策层面为科技基础设施共享提供指导。除此之外，目前我国很多科研机构、大学以及很多的省份都建立了科学仪器设备利用与共享信息平台，比如上海科技创新资源数据中心、首都科技条件平台等，目的是为了方便仪器设备的利用与共享。

三、政策建议

（一）加强人力资源建设与储备，提升高水平人才在科技基础设施创新发展中的核心作用

建立基于创新导向的管人用人机制，建立健全完整人员培训制度体系，积极推进开展高层次人才、高级职称人才以及仪器设备技术型人才等复合型人才梯队建设。完善人员评价和收入分配，探索建立适合从事科技基础设施管理与共享利用的人员评价，完善基于科研辅助人员绩效评价制度的收入分配制度。

（二）重视科技基础设施更新与二次开发创新，充分发挥先进科技基础设施在创新硬环境建设中的关键作用

建立相关激励措施，鼓励和引导科研力量投入到科技基础设施研发中，完善科技基础设施自主创新的支持方式。激发以科学仪器中心为代表的组织机构科学梳理和挖掘领域创新对科技基础设施的需求，凝练科技基础设施设备创新型改造升级重大需求和重大任务，增强需求对接与创新辐射。激励科学仪器设备中心等组织平台开展科技基础设施利用方法创新、介质创新等，通过提高科技基础设施利用潜力挖掘、利用方法创新等保持其先进性。

（三）优化资源开放共享环境，增强科技基础设施支撑科技创新活动的辐射力与影响力

继续完善科技基础设施共享管理机制，建成跨部门、跨领域、多层次的科技基础设施网络服务体系。通过测试服务、创新服务、人才培训等多样化的创新服务形式，扩大科技创新合作与服务网络，形成院产学研紧密结合的业务合作关系，提高科技基础设施参与科技创新活动的活跃度。引导科技基础设施相关平台探索开放服务的市场化运作机制，激励科技基础设施平台从

单一服务科研任务向多元化服务转变。

（四）积极探索与高端创新主体构建稳定创新合作服务网络的适宜机制，提高科技基础设施对高级别高层次科研项目的参与度

推动科技基础设施由被动等待服务向主动参与创新转变，创新与高端创新群体的合作方式，建立紧密的科研合作关系。引导科技基础设施平台组织提升共享服务能力，利用专享服务通道、专业服务团队等形式激发和吸引高端创新群体的创新服务需求，提高创新服务深度。加强宣传，推动科技基础设施平台多渠道、多方式扩展服务创新网络，提高对高端科技创新资源的吸引力与凝聚力。

第六章　科技投入产出与科技成果转化研究

第一节　科技投入产出现状与效率研究

一、科技投入产出现状研究

（一）我国科技投入产出现状

投入产出原本是一种现代管理方法，由美国经济学家里昂惕夫提出用于系统分析经济内部各产业之间错综复杂的交易。科技创新作为推动经济发展的第一动力，其发挥作用也需要各类科技资源的投入以及科技产出效果评价。因此，投入产出分析方法也被广泛用于科技创新领域。

1. 科技投入角度

多年来，我国科技创新取得了骄人成绩，离不开国家对各类科技资源的持续投入。根据《全国科技经费投入统计公报》数据显示，2019年全国共投入研究与试验发展（R&D）经费22 143.6亿元，是1991年的155倍，成为仅次于美国的世界第二大研发经费投入国家。研发经费投入强度达到2.23%，整体上已超过欧盟15国平均水平，达到中等发达国家水平。财政对科学技术投入不断增长，2019年国家财政科学技术投入10 717.4亿元，比上年增长12.6%，其中中央和地方财政各自支出比重分别为38.9%和61.1%。作为第一资源，科技人力资源是国家创新发展的核心力量。据统计，2019年我国研发人员全时当量达到480万人年，创新人才规模稳成世界首位。[①]重大科技基础设施投入取得丰硕成果，出现一批天宫、蛟龙、天眼、悟空、墨子等科学大装置。但

---

①白春礼，针对当前"卡脖子"问题加快突破关键核心技术制约，凤凰网，2020-11-25，https://finance.ifeng.com/c/81gvbZTWLCi

也要看到，与科技强国相比，我国科技投入还有不小的差距：其一，从研发投入强度看，我国研发经费投入强度为2.23%，但与美国（2.83%）、日本（3.26%）等科技强国相比尚显不足，而且随着中国经济增速从高速降至中高速，有可能使得科技研发强度增速趋缓，要追上科技强国的研发强度尚需要较长时间（程如烟等，2018）；其二，从研发结构看，研发工作分为基础研究、应用研究和试验发展三种活动类型，2019年我国三类研发活动投入比例分别为6%、11.3%、82.7%，而发达国家基础研究占比普遍达15%以上；其三，从研发投入经费来源看，目前来看中国研发经费主要还是来源于政府、企业，来自民间其他组织和个人的比例较低，相比之下美国研发资源的来源更为多元化和均衡，其中私营非营利机构、慈善基金、信托基金等已成为研发经费的重要来源。

2. 科技产出角度

所谓科技产出是指通过科技活动所产生的各种形式的成果，是科学研究的最终目的，产出评价反映了区域科技实力。连燕华等（2002）对科技产出内涵进行较早研究，认为科技产出主要包括学术论文论著、科普论著、专利、非专利技术，以引用、采用、购买等形式实现科技产出，并编制科技产出指数（STP）来予以量化。新近的研究（卢跃东等，2013；王庆金等，2018）则对科技产出内容进行了扩展，在原有内容的基础上增加了国家级项目验收、技术市场合同情况、专利出售情况、高新产业产值相关情况。

经过几十年的艰苦努力，我国科技产出水平实现较大提升。从科学论文成果来看，国外三大检索工具《科学论文索引（SCI）》《工程索引（EI）》和《科技会议录索引（CPCI）》分别收录我国科研论文32.4万篇、22.7万篇和8.6万篇，数量分别位居世界第二、第一和第二位[①]；若以论文被引用作为衡量科技论文产出质量的指标来看，据《2017中国科技论文统计结果》显示我国国际论文被引用次数排名已超越英国和德国，排在世界第二位，仅次于美国，并且

[①]科技进步日新月异创新驱动成效突出—改革开放40年经济社会发展成就系列报告之十五，国家统计局，2018-09-12，http://www.stats.gov.cn/ztjc/ztfx/ggkf40n/201809/t20180912_1622413.html

在世界各国151个领域内科学论文引用次数排名中，美国排名第一的有80个领域，中国排名第一的有71个领域。[①]从专利情况来看，2019年我国国内发明专利申请量和授权量分别为124.4万件和36.1万件，均居世界首位，通过《专利合作条约》（PCT）途径提交的专利申请量跃居世界首位。[②]从高技术产业发展情况来看，一批具有国际影响力的创新型企业成长壮大，根据《2020年全球创新指数报告》显示，2019年，中国有507家企业入围全球研发投入2500强企业名单，在无人机、电子商务、云计算、人工智能、移动通信等领域实现跨越发展；科睿唯安2018年1月发布的"全球100大顶尖科技领导企业"榜单，中国大陆仅有华为1家科技企业入围。与此同时，我国制造业的较快发展得益于研发投入的不断增加。2017年，高技术制造业研发经费为3 183亿元，比2012年增长83.6%，年均增长12.9%，比同期规模以上工业年均增速高2.1个百分点；研发经费投入强度为2.0%，是工业平均水平的1.9倍。[③]

（二）国外科技投入产出特征

1.科技投入角度

当前，创新处于国家经济增长和企业战略的核心地位，加快推动创新发展是世界各国都采取的科技发展决策。近年来，全球研发投入持续快速增长，2018年达到2.1万亿美元，其中，美国作为世界范围内科技创新的领袖研发投入总额达5 815.53亿美元，占全球研发投入总额比重为28.9%，日本、德国、韩国、法国、英国5个国家研发投入总额占全球比重为26.5%。[④]企业作为创新主体其研发投入对科技创新体系运行提供了强有力支撑，根据《2020版欧盟工业研发投资记分牌》报告显示全球研发投入前2 500家公司的研发投入

①南博一，71个领域中国科学论文被引用次数世界第一，日研究能力下降，澎湃新闻，2019-05-12，https://www.thepaper.cn/newsDetail_forward_3439383

②2019知识产权主要数据发布，国家知识产权局，2020-01-15，http://www.cnipa.gov.cn/art/2020/1/15/art_53_118039.html

③科技进步日新月异创新驱动成效突出，国家统计局，2018-09-12，https://www.stats.gov.cn/ztjc/ztfx/ggkf40n/201809_1622413.html

④刘甜，2020年全球科技研发投入现状与重点领域科研投入情况分析，前瞻网，2021-03-10，https://www.qianzhan.com/analyst/detail/220/210310-d3f09482.html

合计达到9 042亿欧元，占全球总研发投入规模的比重超60%，其中美国以775家企业名列榜首，欧盟421家，日本309家。

从研发经费使用方向看，各国对于基础研究、应用研究和试验发展关注程度存在差异。美国、英国、法国、韩国、日本用于基础研究的经费占其国内研发总投入的12%～23%。其中，法国2017年度基础研究经费占总研发经费比例最高，达到22.74%；其次是英国，基础研究经费占比18.1%；美国、韩国、日本基础研究经费分别占比16.59%、14.21%、12.57%；中国基础研究经费占比最低，2018年中国基础研究经费300亿美元，占国内研发总投入比例仅为5.54%（原帅等，2020）。

2.科技产出角度

近年来，主要科技强国科技产出水平不断提升。从科研论文产出来看，作为科技产出重要形式之一，2017年，英国平均每万名R&D研究人员SCI论文发表量达到4 350篇，居领先地位，美国、德国在2700—3100篇之间，日本为1 213篇，中国达到1 949篇（曹琴、玄兆辉，2020）；若以论文引用次数作为质量指标，2017年单篇论文被引用次数大于平均值（12.61次/篇）的国家有13个，其中美国、英国、德国、法国等国家的论文篇均被引用次数超过15次，中国同一指标仅为10次，与世界平均水平相比还有一定差距。[①]

从专利和其他知识产权活动来看。作为科技产出的一种形式，尽管许多专利并不能产业化或导致实际创新，但专利授权和应用仍是目前比较常用的测度应用研究、试验发展结果的重要指标。根据世界知识产权组织（WIPO）发布的《世界知识产权指标2020》显示，2019年全球专利申请量由于中国申请量的下降而出现十年来首次下跌。但中国申请量（140万件）依然是美国（621 453件）2倍以上，随后排名的是日本、韩国和欧洲，这五大申请主体受理的申请数量占世界总量的84.7%。[②]但从用于衡量一个国家市场化知识价值

---

①中国发表SCI论文236.1万篇，连续9年世界第二，搜狐网，2019-06-18，https：//www.sohu.com/a/321318690_99942868

②World Intellectual Property Indicator 2020-12-07，世界知识产权组织，2020-12-07，https：//www.wipo.int/portal/zh/

创造能力的核心指标——知识产权使用费收入和支出来看，2017年美国知识产权收入额为1 280亿美元，支出额为480亿美元，顺差为800亿美元，由此说明美国依然是知识产权创造和知识产权价值实现的最强国家。英、德、法、日等科技强国也都处于知识产权贸易顺差状态。我国知识产权使用费收入和支出一直处于逆差状态，这表明我国还不是有价值的知识产权创造强国。[①]

二、科技投入产出效率研究

党的十九届五中全会提出到二〇三五年实现我国进入创新型国家前列的远景目标，而用以衡量国家创新能力的众多指标都和科技投入产出紧密相关。因此，对科技投入产出效率进行有效衡量成为学界研究重点。对相关核心以上级别文献进行梳理可以发现，从理论上来说科技投入产出效率研究将柯布—道格拉斯生产函数的变形——知识生产函数作为分析基础；研究内容主要集中在国际比较、区域差异、高校分析等方面。

从时间维度来看，21世纪初期就已有学者开始对科技投入产出效率开展研究，比如吴和成、郑垂勇（2004）利用DEA方法对全国28个省市分成DEA有效和非DEA有效两大类型；谢友才（2005）对科技投入产出相关指标进行了详细分析，利用浙江省科技进步统计监测指标体系对本省科技投入产出效率进行评价，并进一步对投入和产出两组变量做典型相关性分析，便于确认科技投入产出效率。此后，科技投入产出效率研究日益丰富。

高校作为科技创新活动的重要主体，其科技投入产出效率研究是学界关注的重点，许多学者从不同角度对此进行了探讨。较早文献（周静等，2003）将研发全时人员、财政拨入费用、企事业单位委托经费、仪器设备费作为科技投入指标，论文、科技进步奖、成果鉴定评论、专利作为科技产出，对全国29个地区高校创新效率进行比较研究，提出高校科技创新的制度效率和规模效率，且地区差异并不悬殊。新近的研究却提出我国高校科技投入产出效率存在显著区域差异，李思瑶等人（2016）将研发人员全时当量、

---

①张志强、田倩飞、陈云伟，科技强国主要科技指标体系比较研究[J]，中国科学院院刊，2018，33（10）https：//www.sohu.com/a/344561301_781358

高校研发经费支出作为科技投入要素，选取论文著作发表出版、专利申请数、专利所有权转让等作为科技产出指标，从东、中、西部区域进行探讨，认为我国高校科技投入产出效率存在较大的区域差异，并利用泰尔指数和基尼系数对这一区域差异做进一步的度量与分析。

一些研究致力于探讨区域科技投入产出效率，这里的区域尺度涵盖国家、省域、市县。刘兰剑、滕颖（2020）选取2003年至2016年科技投入产出数据，对英国、法国、加拿大、日本等11个OECD国家的科技投入产出效率与中国进行比较分析，研究认为中国科技投入产出综合效率与创新型国家的差距在缩小，但相比于规模效率今后要在更能体现创新质量的技术效率提升上多下功夫。张前荣（2009）、卢跃东等（2013）从省级层面探讨科技投入产出效率，前者测算了30个省的科技投入产出的总体效率、纯技术效率和规模效率，并发现在考察年度内经济发达地区的科技投入产出效率较高，即科技投入产出效率与经济发展水平具有紧密关系；后者侧重考察财政科技投入产出效率的区域差异，通过实证测度将全国各省财政科技投入产出效率表现划分为五种类型，并指出各省行政区域财政科技产出能力的强弱基本上与财政科技投入能力的强弱保持一致。

相比之下，关于企业科技投入产出效率的研究并不是很多。田中禾等（2009）构建了科技投入产出指标体系，其中科技投入主要包括了企业科技人员占比、企业科技投入经费等，科技产出主要包括技术资产比、科研成果先进程度等直接产出和其他间接产出，对选取的国有企业科技投入产出效率进行测度分析发现科技投入产出规模收益达到一定阈值之后呈现递减趋势。崔馨予、罗守贵（2013）将专利申请及专利授权数量作为企业科技产出指标，利用两阶段回归模型予以实证分析，研究发现在人力、物力、财力三类科技投入中，对科技产出起最大影响作用的是企业中从事科技活动的人员数，即人力投入。

第二节　科技成果转化的内涵与现状分析

一、科技成果转化内涵研究

科技创新是经济发展第一推动力，其最重要的表现形式就是科技成果向现实应用、市场商业化的转移转化。原因在于科技成果代表着新技术、新工艺、新产品、新材料，是科技创新的重要体现；科技成果转化的过程，也是创新驱动发展的过程。科技成果转化是将科技成果转化为现实生产力的根本途径，是实施创新驱动发展战略的有机组成部分，对于推动科技和经济紧密结合、加快产业转型升级、激发创新创业活力具有重要意义。

学界对科技成果转化相关研究开展较早，改革开放初期就有学者对科技成果转化内涵进行初步界定，比如黄铁夫（1995）针对当时流行的科技成果变为现实秤力过程的五种提法，从系统论角度将对科技成果转化内涵予以界定，认为其应包括科技成果转化的主体系统、条件支持系统、政策环境系统、中介系统、国家宏观调控系统。1996年，《中华人民共和国促进科技成果转化法》颁布实施，从法律层面对科技成果转化予以界定，即指为提高生产力水平而对科技成果所进行的后续试验、开发、应用、推广直至形成新技术、新工艺、新材料、新产品，发展新产业等活动。随后有学者（巨乃岐，1998）从学术层面对科技成果转化内涵进行了系统性探讨，将现有科技成果转化含义总结为技术创新说、后续开发说、商品化产业化说、科技活动说、特有现象说、形态转化说、转型界面说七类，并在此基础上从广义内涵和狭义内涵两个维度对科技成果转化进行重新界定。

随着我国科技创新实力日益增强，创新能力不断提升，科技创新水平国际比较作为新的研究视角受到关注，一些学者认为新发展阶段下亟须对科技成果转化内涵开展新研究，为客观评价我国科技发展状况提供支撑。贺德方（2011）不仅认为科技成果转化与其他使用较多的类似概念（如科技成果推广、科技成果商品化等）既有联系又有区别，还认为科技成果转化一词是我国科技管理工作专用词汇，国外并没有与之完全对应的指标，美国、欧洲、英国多使用"技术转移"来表示科技成果转向商业领域应用的过程，所以在进行国际比较时要注意内涵上的差异。

新近研究（蔡跃洲，2015）针对当下存在的社会各界对中国科技成果转化率认识方面的巨大偏差，提出要从科技成果转化范围、转化标准、转化指标三个维度来探讨科技成果转化内涵和边界。一方面对国外文献中与科技成果转化相近术语辨析可以发现，国外学界对于科技成果转化内涵界定也不是唯一的，会有许多类似定义，比如"研究的商业性转化""学术成果商业转化""公共资助研究的商业性转化"等；另一方面，虽然科技成果转化内涵难有唯一解释，但总体上都强调了经济效益和经济价值，且转化范围多是高等院校、科研院所等公共研究机构的相关成果。

二、科技成果转化现状分析

（一）现实概况

《中共中央关于制定国民经济和社会发展第十四个五年规划和二〇三五年远景目标的建议》中明确指出要"面向世界科技前沿、面向经济主战场、面向国家重大需求、面向人民生命健康"发展科技创新。在推进"四个面向"过程中，科技成果转化是其中应有之义。近年来，国家积极推动科技成果转化，先后出台了：《中华人民共和国促进科技成果转化法》（2015年10月修订施行）、《〈中华人民共和国促进科技成果转化法〉若干规定》以及《促进科技成果转移转化行动方案》，初步形成了独具特色的促进科技成果转化的政策法规体系，极大促进了我国科技成果转化。根据《中国科技成果转化2020年度报告（高等院校与科研院所篇）》显示，2019年，我国3 450家公立高等院校和科研院所以转让、许可、作价投资方式转化科技成果的合同项数为15 035项，比上一年增长32.3%；合同金额为152.4亿元，其中单项科技成果转化合同金额超过1亿元的成果有24项；财政资助项目产生的科技成果转化合同项数为2 815项，比上一年增长10.9%。科技成果转化流向的聚集性日益明显：一是从行业来看，更多高价值成果转化至制造业，2019年，高校院所以转让、许可、作价投资方式转化的科技成果转化至制造业的合同金额最大，为58.2亿元；转化至中小微其他类型企业的合同金额最大，为91.9亿元；

二是从区域来看，东部地区成为科技成果的主要产生地和承接地。

（二）科技成果转化存在的问题及原因分析

科技成果转化是科技创新全过程的最后一公里，是加强科技与经济发展建设紧密结合的关键环节。虽然相比于改革开放之初，我国科技成果转化取得了显著成效，但随着科学创新推进日益深入，科技成果转过程中依然存在着很多问题，且会随着发展阶段不同呈现出不同的表现形式。

1. 科研方向与市场需求脱钩，科技成果可转化度低

科技成果转化应用是创新的重要目的之一。自20世纪80年代开始，我国就出台了大量促进科技成果转化的法律法规和政策，从90年代的《中华人民共和国促进科技成果转化法》，再到近几年实施的"三部曲"政策①，在推动科技成果转化方面取得了明显成效。但与现实巨大市场需求相比，与世界科技强国类似指标相比，与市场需求不匹配、科技成果程度低依然是我国科技成果转化的主要问题。早在20世纪90年代就有学者（孟庆伟，1993；李安云，1996）对此问题开展研究，认为科研成果生产者市场意识不强，课题立项阶段缺少充分的市场调研，科研关注点更多放在如何获取某一级别科研奖励。进入21世纪以来，从文献研究来看这一问题并没有得到根本解决，罗建等（2019）通过调研数据分析发现企业与高校科研者都认为当前科技成果与市场需求不匹配，与当前需迫切解决的关键技术相脱节，以致很多科技成果被"束之高阁"，无法转化为有效的市场供给。但对不匹配的原因上存在认知偏差，企业认为是高校研发项目选题与市场需求存在偏差，而高校科研者则认为高校缺乏中试条件限制了科技成果转化。

2. 科技成果转化源动力不足，科研人员的转化意愿不强

理论上讲，科技成果能否实现市场化与成果生产者转化意愿和动力紧密相关。当前，科研人员转化意愿不强，缺乏科技成果动力成为阻碍科技成果转化水平提高的主要问题。从科研人员主观认识来看，科技创新现实应用意

---

① "三部曲"政策指《中华人民共和国促进科技成果转化法（2015年修订）》《实施〈中华人民共和国促进科技成果转化法〉若干规定》（2016），出台《促进科技成果转移转化行动方案》（2016）

识不强，对科研和科技服务工作促进和反哺教学的重要性认识不足，市场意识薄弱，科研项目陷于"立项—论文—授奖—职称评聘"的职业固化中难以突破；从管理激励机制来看，高校科研机构对成果转化关注度不高，特别是成果转化投入多、难度大、见效慢、风险高，成果管理方抓成果转化运用力不从心，成就感不足，连带结果就是科研管理主体无动力在科研评价体系、科技推广体系以及科技成果转化激励机制方面有所改革和突破，无法引导科研人员面向经济现实开展科研活动（沈意文，2011；尹岩青、李杏军，2017）。

3. 科技成果转移转化环节薄弱，科技中介服务体系不健全

从科技成果转化全环节来看，知识成果生产只是第一步，要想形成现实生产力还需要通过中试、二次、三次开发。这一过程可用世界知识产权组织联合发布的《2020年全球创新指数》中的"知识与技术产出"这一指标描述，这一指标由"知识的创造""知识的影响"与"知识的传播"三个维度构成。2020年，中国"知识与技术产出"整体得分居全球第2位，其中"知识的创造"与"知识的影响"两个子指标全球排名分别为第4位和第6位，但"知识的传播"仅居第21位，知识产权收入在贸易总额中的占比等三个指标排名比较靠后。这侧面显示出中国研发投入及产出能力已经大大增强，但扩散能力较弱，大量"科技成果"得不到转化和应用（万劲波、赵兰香，2014）。

从各国科技成果转化实践来看，要想完成科技成果应用目标需要跨越"死亡之谷"和"达尔文之海"，前者指基础研究到技术应用之间的鸿沟，后者指从产品生产到大规模产业化之间的鸿沟。跨越"死亡之谷"，需要强化产业技术研发合作，创新平台、技术转移平台可发挥创新链接作用；渡过"达尔文之海"，需要克服工程技术、配套设施及市场替代等带来的风险，离不开创业平台、天使基金等风险投资、资本市场和企业并购的支持。但是，近年来，由于中介服务主体独立的法律地位还未明确，支持中介服务机构发展的政策环境不够完善、缺乏专业的科技成果转化服务队伍等原因，我国科技中介服务机构发展比较缓慢，科技中介服务体系得不到建立和完善，

无法为科技成果的转化起到牵线搭桥的作用。

4.科技成果的投融资渠道不畅,导致科技成果转化资本投入不足

一般来讲,科技成果转化大致要经历基础研究、中试、产业化三个环节,由于每个环节创新目标、活动性质不同,因此对资金需求程度也不一样。基础研究阶段所需资金多来自政府财政投入,有保证;在市场化阶段,由于价值实现的确定性较高,传统金融资本愿意投入,资金问题不是核心问题;而中试环节风险比较高,与利益实现有一段距离,一些科技成果已经在实验室阶段取得了小试成果,但苦于缺少研发经费的继续投入而无法进行"中试"试验,无法提高成果的成熟度;另有许多科技成果虽然形成了产品,也是由于融资不到位,迟迟不能形成规模效应,无法得到大范围的推广和应用。

第三节　科技成果转化模式与机制

一、科技成果转化模式分析

（一）国外科技成果转化发展经验

随着世界经济竞争日益激烈,为了有效提升竞争力,西方科技强国都很重视科技成果的现实应用。在出台的一系列应对政策中,用于鼓励支持科技成果转化的政策占据重要位置,特别是针对高校科技成果转化,并且取得显著成效。大学科技成果转化已成为世界各国技术政策的重要组成部分。因此,有必要对几个典型科技强国所开展的科技成果转化进程进行回顾,以为我国科技成果转化提供经验借鉴。

1.美国科技成果转化

从历史维度来看,美国科技成果转化大发展与其在1980年颁布的《拜-杜法案》紧密相关。根据《技术转移：研究性大学拜-杜法案管理》报告显示,法案通过之前,美国联邦共拥有专利28 000件,其中只有不到5%被许可给企

业界。而在法案实施之后，美国大学披露的专利发明数量增长了近2倍多。[①]
通过资料梳理可以发现美国从如下几个方面施策推动科技成果转化。

第一，形成良好的法律制度环境。除了《拜-杜法案》，美国从20世纪80年代开始陆续推出如《小企业技术创新法》《国家合作研究法》《联邦政府技术转移法》《国家竞争力技术转让法》《技术转移商业化法》等一系列法律文件，这些法律法规的制定和实施，为美国的科技成果转化工作奠定了稳定的制度环境和牢固的政策基础。除此之外，为了保障法律法规的有效实施，美国还对相关部门的职责提出了明确要求，并对转化过程的各个环节及程序进行了严格规定。

第二，强化高校、科研院所与企业的密切合作。通常来说，大学与企业是两个系统、两种文化，身处其中的人们基本不会自发地相互理解（汤姆·库克，杨世忠，2006）。但科技成果的转化需要这两种文化之间的交流。为此，早在20世纪70年代，美国就设立了工业与大学合作研究中心，随后又建立工程研究中心、以硅谷为代表的高新技术园区。除此之外，许多州政府也实施了专门促进产学研合作的计划，比如犹他州在其州立大学成立研究小组，与工业界合作开发和推广新技术；密歇根州促进州内机构、公立大学、产业与投资机构间建立伙伴关系。

第三，科技成果转化中介机构模式不断创新。科技成果转化链条长、环节多，科技成果生产者和接受者都有各自擅长和不擅长的能力，依赖一方都难以实现转化目标。因此，需要一种具有科研和商业双重背景的组织作为中介为科技成果转化提供专业服务。经过多年发展，美国已拥有成熟的中介体系，其中设立技术转移办公室（OTL）已成为大学普遍做法。在此基础上，一些新型中介模式不断出现，比如加州大学圣地亚哥分校赞助成立的CONNECT组织，实施一种集群（cluster）战略，从技术商业化模式的全链条来思考和谋划资源整合与集成，将各种资源集中到一起，从而建立起一个从"科技成果

---

① AUTM .U.S .Licensing activity survey：https：//autm.net/AUTM/media/SurveyReportsPDF/AUTM_FY2018_US_Licensing_Survey.pdf

产生—企业转化—推向市场"的完整资源利用链条，其经营是自负盈亏独立运作的，主要靠赞助、会员会费、训练课程费用等自行营利。

2. 英国科技成果转化

英国是工业革命发源地，也曾是世界科学中心，许多影响至今的重大科学成果和重要科学家都先后在英国涌现。虽然被德、法、美等国先后赶超，但依然是科技强国。20世纪80年代，英国开始调整科技政策，日益重视科技成果转化并采取了一系列措施。

第一，依托科技创新中心支撑科技成果转化。2011年，英国出台《促进增长的研究与创新战略》，提出5年内投资2亿英镑建立不同领域的技术创新中心，一方面支持科技成果产业化的创新活动，另一方面向企业推荐有发展潜力的科技成果和新兴技术，促进科研与产业合作（李晓慧等，2016）。比如Re Neuron公司和Videregen公司与伦敦大学和利兹大学合作的细胞疗法技术创新中心，将再生医学科学研究与临床和商业需求相结合，并致力于将英国再生医学产业打造成具有全球竞争力的产业集群；Bleep Blee公司与牛津大学、南安普敦大学以及爱丁堡大学合作的联通数字经济技术创新中心，有效地推进了数字化出版物与数码创意版权，促使数码从概念到商业化，形成了新产品与新服务，加速了英国数字化经济的发展（王金龙等，2017）。

第二，设立各种计划与奖项激励促进科技成果转化。英国科技成果转化模式的最大特点是以计划和奖励促进科技成果转化。2001年，英国政府就创立了"高等教育创新基金"，用以无偿支持大学的技术转移工作。除此之外，还设有"技术转让奖""科学与工程合作奖""工业与学术界合作奖"等奖项，用于激发科研人才的热情。英国大学还将知识产权许可和转让得到的净收益在大学、下属学院和个体发明者之间进行分配，极大地提高了科研人员成果转化的积极性。

3. 日本科技成果转化

20世纪90年代，日本推出技术创新立国战略，并开始关注科技成果转化问题。不同于英美国家，日本采取的主要策略之一就是以政府机构改革为龙头，实施大部制改革，加强政府职能，提高政策透明度，以为科技成果转化提供适宜的体制机制。日本科技成果转化主要靠专门设立的机构（TLO），自1998年政府颁布实施《大学等技术转让促进法》（TLO法），日本高校设立并经政府审核认可的TLO机构已有50家，主要分布在研究型大学。大概包括内部组织型TLO、单一外型TLO、外部独立型TLO三大类（李晓慧等，2018）。

（二）我国科技成果转化模式研究

科技成果转化模式是指已有的科技成果转化为现实生产力过程的运作方式。2016年，在全国科技创新大会、两院院士大会、中国科协的第九次全国代表大会上，习近平总书记指出："科技创新绝不仅仅是实验室里的研究，而必须将科技成果转化为推动国民经济发展的现实动力作为终极目标"，要"完成从科学研究、实验开发、推广应用的三级跳"。陈红喜等（2020）从共词分析和社会网络分析视角对国内科技成果转化研究进行了文献分析，通过聚类分析发现科技成果转化模式在该领域的研究中占据着举足轻重的地位和作用，认为科技成果转化模式研究占总体研究的45%，已经形成了较为广泛的研究方向，是科技成果转化研究领域最为受关注的议题之一。

一般来说，科技成果转化是指科技成果权益（包括使用权、所有权、分配权、处置权等）从成果生产者向接受者转移和让渡。从广义角度看这里的科技成果生产者既可指高校、科研机构的研发人员，也包括生产性企业的研发人员。只是由于企业科技研发活动与企业自身生产目标紧密相关，其科技成果内部转化，所涉及的主体、环节少，链条短。相对的高校、科研院所作为知识生产主体，距离市场端较远，其科技成果转化过程长、环节多、成本高，在转化过程中往往会遇到"死亡之谷"和"达尔文之海"。因此，高校科技成果转化一直是学界关注的重点。

根据《促进科技成果转化法》及其修订版中的规定，科技成果持有者可以采用下列方式进行科技成果转化：自行投资实施转化；向他人转让该科技成果；许可他人使用该科技成果；以该科技成果作为条件，与他人共同实施转化；以该科技成果作价投资，折算股份或者出资比例等。总的来看可归为三大类：自我转化类、技术直接转移类、合作联营类。

1. 技术直接转移类的科技成果转化模式

这类成果转化模式是指高校通过有偿方式将自身的科技成果转让或许可企业使用，从而实现科技成果转化，包括直接转让和间接转让。其特点是科技成果的成果源与吸收体相分离，没有形成长期、紧密的合作，而是依靠技术市场等中介组织实现某一个科技成果的转化。多适应中低档科技为主的技术转让，采取一次性交付或者是利益分成。这种模式对于高校而言可以在较短时间内尽快得到利益回报，对于企业而言所取得的技术已经具备一定成熟度，转化风险可控。有研究指出高校大约90%的成果是通过这种模式转化的（张福增、高美蓉，1998）。

近年来，随着我国知识产权不断发展，为技术转移类科技成果转化模式提供了新的选择，即以知识产权许可、转让等运营方式实现成果转化，其间高校不参与企业具体的孵化与经营管理，仅通过许可或转让获取相应现金收益，或通过股权获得收益。管理运营主要由企业职业经理人团队负责（罗林波等，2019）。

2. 自我转化类的科技成果转化模式

这类科技成果转化模式是指高校依靠自己的力量进行成果转化，通过自办科技经济实体直接实现成果转化。从兴办主体来看可分为两类：第一类是高校科研人员个人根据国家政策依托职务科技成果成立公司，学校持有股份并不负责具体运营；第二类是高校出资筹办企业，自主经营，自负风险收益，较早期比较成功的例子有北大方正、清华同方。以清华同方为例，其前身是清华大学企业集团下属5家企业，为了解决清华大学日益增加的科技成果转化需求于1997年组建清华同方并上市。依托清华大学的人才、科技优势，清华同方通过"技术+资本"运作将筛选的项目进行二次开并孵化成新的产品、新的工艺、新的产业，甚至新的内企业，而这些新的产品、新的产业甚至新的企业可以充实到清华同方的产业领域，成为公司新的利润增长点（陆致成等，2000）。但随着2015年国家出台《深化科技体制改革实施方案》，明确提出高校要逐步实现与下属企业的剥离，各个高校纷纷与原有旗下企业解绑。据清华同方官网显示，其控股股东已由清华控股变更为中核资本，实际控制人由教育部变更为国务院国资委。

3. 合作联营类的科技成果转化模式

这类模式是指高校提供技术，企业提供包括资金在内的一切条件，进行合作开发转化，双方约定未来收益的比例。从理论层面来看，这类模式存在的底层逻辑就是产学研协作推动科技成果顺利实现产业化。为此，先后有许多经典理论模型被提出，如Freeman、Nelson等人的国家创新系统、Sabato的"三元模型"以及 Gibbons的知识生产模型、Etzkowitz和Leydesdorff的三螺旋理论。但由于现实情况的复杂性使得具体实践中存在许多亚类型模式。帅相志、贺玉梅（1998）较早进行了研究，认为有两种亚类型模式存在，一种是高校与企业共建研发机构，各自分别以科技成果和生产设备资金入股，共同开发生产；另一种是共建中试基地，高校开展实验室研究并指导企业进行中试，所需费用和生产设备由企业提供。随着科技成果转化实践不断发展，合作联营类科技成果转化模式的内涵与形式更加丰富，比如工程技术中心、技术转移中心、产学研基地、大学科技园等。

近年来，一种合作共营类科技成果转化新模式——新型研发机构得到关注，并在一系列政策支持下在全国落地，规模效应初显，成为一股不可忽视的新兴科技产业力量。所谓新型研发机构是指投资主体多元化，建设模式国际化，运行机制市场化，管理制度现代化，创新创业与孵化育成相结合，产学研紧密结合的独立法人组织。其出现并发展是顺应科技革命和产业变革的产物。比较典型的有深圳清华大学研究院、北京生命科学研究所、智源人工智能研究院、全球健康药物研发中心、深圳华大基因研究院等。

二、科技成果转化机制

机制一词源于希腊文，指组成系统的各要素之间、要素与内部环境、外部环境之间，都存在某种联系。机制的作用就是通过一定手段产生某种预期结果，其目的是为了维持系统的良性运行、发挥特定的预期功能。从系统的角度看，高校、企业、政府、科研人员、中介等共同构成了科技创新体系，科技成果转化是创新体系健康发展的重要内容。因此，研究科技成果转化机制对创新体系良性运转有重要意义。总的来看，学界对于科技成果转化机制的研究丰富主要围绕以下几个方面开展。

（一）科技成果转化动力机制

科技成果转化的动力机制是指市场经济的不同行为主体为追求经济利益、社会效益的最大化，对科技成果转化产生强烈需求，从而驱动社会资源向有利于成果转化的方向积聚，促进成果转化的作用过程（杨京京、刘明军，2005）。从理论上讲，对高校及科研人员而言，推动科技成果转化可提升高校知名度和帮助科研人员实现科研价值的学术追求，同时也能使得高校、科研人员在转化中获得收益；对企业而言，实现科技成果产业化可提高其核心竞争力，获取高额利润；对政府而言，可引导产业结构调整，推动地区主导产业高端化，促进区域经济发展。因此，高校、企业应根据自身资源优势和能力特征，主动参与到科技成果转化过程中来。但现实情况是由于高校和企业有着迥然不同的组织文化和发展逻辑，使得两者推动科技成果转化的主动性有可能被削弱，动力机制难以发挥作用。

（二）科技成果转化的激励机制

激励机制是指系统为了充分激发各个组成要素的内在潜力，发挥系统预期功能，而对其内部各组成要素及其各要素之间的相互关系、组成结构和联系方式进行调整、协调、优化，以达到最大创新功能的机制（董超等，2014）。科技成果转化的激励机制是激发科技成果供需双方转化动机，实现成果转化。近年来，不论是政府还是业界有个基本共识，即我国科技成果转化率与发达国家相比还有一定差距。主要原因在于科技成果供需双方信息不对称，科技与企业之间没有形成有效的反馈环路，对科技成果供需双方激励不足。

第一，科研主体参与科技成果转化的积极性不高。科研人员作为高校、科研机构等知识生产组织一员，其科研活动是在组织制度框架内开展的，也就是说科研人员的科研方向、成果实现形式等与组织文化与制度（特别是考核评价制度）引导方向紧密相关。长期以来，我国科技人才评价体系僵化单一，论文、职称、学历和奖项是评价科研人员的核心指标，而与现实应用发展紧密相关的产业化成果在各类考核评审范畴内的权重很低，甚至不被认可，这就使得科研人员以发表论文作为科技成果转化的主要形式，科技资源投入与产业需求形成错配。近年来国家出台一系列相关政策，改革完善科技人才评价体制机制，最大限度地激发科研人员活力和引导科研人员更多重视"卡脖子"技术难题的攻克。

第二，障碍性因素限制了企业应用科技成果的意愿。企业是创新的主体，也是科技成果转化的主体。国家发布的《关于深化科技体制改革加快国家创新体系建设的意见》和《促进科技成果转化法》中都明确提出要充分发挥企业在成果转化中的主体作用。但从科学研究—技术开发—商业化—产业化长链条过程中要面临风险不可控、收益难确定、资金投入大、配套环境不完善等诸多障碍，使得企业主体作用没有充分发挥。

（三）科技成果转化的支撑与保障机制

从创新体系角度来说，科技成果转化过程除了高校科研机构、企业发挥主体作用之外，还需要很多支撑要素和保障要素共同发挥作用。支撑要素可分为内部支撑和外部支撑，前者包括资金、人才等，后者如市场环境、文化氛围等。以资金要素来说，科技成果转化需要大量资金投入，仅凭企业个体力量难以承担，需要引入风险投资等社会资本。这就需要政策性金融资本发挥引导作用，利用政策性银行、科技担保机构和科技保险机构一方面弥补科技成果转化初创期和成长期所面临的巨大资金缺口；另一方面向商业性资本传递支持信号，鼓励其进入科技成果转化链条，围绕创新链布局资金链。除此之外，在科技成果转化的过程中，通过明确的产权制度、严格的法律政策来保证参与科技成果转化的相关组织与团体、个人等的合法权益对科技成果转化提供了重要的保障作用。

三、促进科技成果转化的对策措施

（一）进一步推进科研人员考核评估体系改革

科学研究活动有不同类型，相伴的科研成果转化也有不同形式。因此要有序推进高校、科研机构开展的对科研人员的分类评价体系建设，更多增加科技成果转化绩效在人员考核评价和荣誉称号取得中的权重。完善同行评价制度，建立透明公开的评价程序。树立科技创富理念，完善科技成果转化收益分配激励机制，大幅提升科研人员所获转化收益比例。尽快明晰科技成果发明人与所有人的责权利划分，尽量将权利向科技成果发明人倾斜，尽量使科技成果发明人与所有人的利益相一致。破除职务发明科技成果因为体制、机制约束而造成的转化掣肘。

（二）优化科技成果转化环境

持续加大知识产权保护力度，不断完善知识产权法律法则的制定和执行，深入推进知识产权管理体制的改革，及时出台政策配套文件，加快建立侵权惩罚性赔偿制度，提高违法成本。建立风险投资补偿机制和资金引导机制，为创投机构兜底，减少投资方的顾虑。同时，政府部门应通过减负、减税、配租、加强众创空间建设、营造创业创新良好氛围等方式促进处于科技成果转化种子期和初创期的科技型企业成长。

（三）构建产学研长效合作机制

引导有条件的企业建立高水平研发中心和中试基地，提高企业承接和应用科技成果的能力，支持行业骨干企业和高校、科研院所一道组建产业技术创新战略联盟，形成联合开发、优势互补、利益共享、风险共担的合作机制，密切产学研合作。采取后补助、减免税、股权激励等方式鼓励企业自己组建科技创新服务平台，提升企业自主创新的能力。搭建科技成果转化交易平台，加强科技服务体系建设，针对科技成果转化融资难问题，还应加快启动科技金融服务平台建设，健全科技金融与技术双轮驱动支撑成果转化的体系。

第七章　科技资源配置效率研究及影响要素分析

第一节　科技资源配置效率研究

一、科技资源配置效率内涵

"效率"一词来源于经济学的范畴，其实质是对经济人的最大最小化行为，即收益最大化或者成本最小化。经济学意义上的效率有两种含义：投入—产出效率，是指经济活动中投入与产出的比率；经济效率，是指资源是否在不同生产目的之间得到了合理配置。在知识经济时代，国家与国家之间的竞争已经由一般资源的竞争转向科技资源的竞争。在创新型国家建设过程中，不仅要注重科技资源的配置规模，更要注重科技资源的配置效率。学界对科技资源配置效率开展了大量研究，但对于科技资源配置效率内涵关注不多。通过相关文献梳理发现学对科技资源配置效率内涵的界定有三种视角。

第一，科技资源配置效率是一种比率或比值。持这种观点的研究侧重于投入—产出效率，即区域科技投入和科技产出的比率，是科技资源的投入产出比，认为科技资源配置效率就是以投入要素的最佳组合来生产出"最优的"产品数量组合。区域科技资源的配置效率，取决于区域科技资源各部分的配比以及组合方式、科技资源集聚程度及空间布局状况，反映了一个区域运用和整合科技资源的能力，代表着区域科技系统整体功能和效率，在一定程度上决定着区域科技能力的强弱。

第二，科技资源配置效率是一种效益。持这种观点的研究认为科技资源配置效率实质上是经济学里所讲的帕累托效率的一种表现形式，即在一定的技术水平条件下，科技人力资源、科技财力资源、科技装备资源、科技信息资源等科技资源在不同的时间和空间上经过不同的配置方式所得到的产出效益，科技资源的作用得到最充分发挥。

第三，科技资源配置效率是一种满足程度。持这种观点的研究认为科技资源配置效率是在一定的时间和空间内，选择、安排、分配和使用有限的创新资源所能实现的最大的社会需要满足程度，是社会利用现有的创新资源所能达到的社会效用水平的表现。或者说科技资源的配置效率，是各种科技资源在不同科技活动主题、活动过程、学科领域、地区和部门之间的分配，目的就是通过科技资源的优化配置以促进科技、经济与社会的协调发展。

虽然这些关于科技资源配置效率研究的出发点和关注角度不同，但其背后却暗含着某种共性的理论逻辑和现实认知。一方面从理论层面来讲，都认为科技资源作为资源的一种，固有的稀缺性特征决定了其优化配置成为核心目标，其中最为关键的环节就在于效率提升。另一方面从现实认知来看，多年发展，我国科技投入规模已居全球第二，仅次于美国，且双方总差距逐渐缩小，但在投入结构、资源使用效率方面与发达国家相比差距较大，科技资源配置中还存在大量的"跑冒滴漏"现象和扭曲配置现象。从而这种建立在科技资源低效配置基础上的科技投入的增加只能带来科技资源的粗放式投入，其科技能力的提升则是不具有竞争力和可持续性的。

但值得注意的是科学研究活动不同于物质生产活动，科技资源投入产出过程与物质生产活动投入—产出活动有较大差异，即前者具有时延性、外溢性、发散性等特征，是一个长期过程。因此科技资源配置效率问题更具复杂性，还有许多理论和技术问题需要进一步探索（《中国研发经费报告2020》）[①]。

---

①大连理工大学经济管理学院，中国研发经费报告（2020），知识分子，2021-05-01，http://m.zhishifenzi.com/news/multiple/11239.html

二、科技资源配置效率研究维度

随着科学技术对经济社会发展的推动作用不断增强，科技资源配置效率问题越来越得到关注。根据文献溯源，20世纪50年代国外学者就开始了对科技资源配置效率的研究。提出并阐释了技术效率概念，并对其内涵进行了丰富和拓展。国内学界对科技资源配置效率研究始于21世纪初，总体上从以下几个维度开展研究。

（一）科技资源配置效率的空间维度

从上述讨论过的科技资源配置效率内涵可知，探讨评价科技资源配置效率高低离不开一定的时间、空间范围，否则将失去研究的意义。根据研究的空间尺度，科技资源配置效率的空间维度主要包括城市群、省域、城市等。

较早从城市群维度开展科技资源配置效率研究的是李浩宾（2009）对泛珠三角城市群科技资源配置效率评价，其利用遗传投影寻踪方法对所构建的三级指标体系进行实证分析，研究认为广东科技资源配置效率在珠三角城市群中居首位，并认为科技资源投入规模与科技资源配置效率之间存在正相关性。只是该项研究并没有进一步对这种相关性进行实证分析。边慧夏（2014）不仅分析了长三角城市群科技资源配置效率的时空演变，还利用基尼系数、锡尔指数对效率差异进行了分解，并指出省域部科技资源配置效率差异是城市群整体科技资源配置差异的主要原因。新近有研究（陶富、刘静，2021）对京津冀城市群科技资源配置静态效率和动态效率进行测算分析，认为京津冀科技资源配置整体尚未达到有效状态，科技资源需进一步深度融合，不断优化配置结构。

针对省域科技资源配置效率研究的文献较多，其中研究范围既包括全国31个省市也有专门聚焦在某个省市。吴和成、郑垂勇（2004）较早对全国各省科技资源配置效率进行研究并发现，21世纪初期，北京、天津、内蒙古、上海、福建、广东、重庆、贵州、云南、新疆等地区科技资源配置DEA有效，其他地区则为非DEA有效。此后，学者们从不同时间跨度来考察全国科技资源配置效率的变化。但对各文献研究进行比对时发现同一考察期内却有不太一样的结论，比如梁林等（2020）对全国31个省份2011至2015年科技资源配置效率变化研究发现北京、天津、黑龙江、上海、江苏、安徽、广东、重庆、陕西、甘肃等省份呈现DEA有效，而同期研究（章培军、陈恒，2020）则认为北京、吉林、黑龙江、浙江、广东、重庆、西藏、甘肃、新疆等地区的科技资源配置效率达到有效水平。

除此之外，还有研究从长江经济带、中西部地区、副省级城市以及特定省份等空间维度开展科技资源配置效率研究。

（二）科技资源配置效率的主体维度

一般来讲，科技资源主要分布在高校、科研机构、企业，进而这三类也成为科技资源配置主体。因此，一些学者围绕三者科技资源配置效率开展研究。高校科技创新资源配置是国家和高校对直接用于高校科学研究和技术创新的资金、人才、设施等各类资源进行开发和调配，以提高资源利用率。近年来，我国对高等教育改革实施新的国家战略——世界一流大学和一流学科建设，简称"双一流"，是继"211工程""985工程"之后的又一国家战略。张海波等（2021）充分考察在这一战略背景下高校科技资源配置效率变化，研究发现中国高校科技资源配置效率总体处于较高水平，但并非最优状态，特别伴随"双一流"战略实施，高校增加科技资源投入热情高涨，而资源在高校间配置比例不合理，两者共同作用下使得整体规模效率下降。

近年来，积极推动企业发挥创新主体作用已成为社会共识。《中国研发经费报告2020》显示，近二十年来，企业研发经费增长约119倍，同期公共研发机构经费增长21倍、高校增长42倍，企业已经成为研发活动的绝对主体。但企业科技资源配置效率并没有随着投入规模扩大而相应程度地提高。黄海霞、张治河（2015）对战略性新兴产业的企业科技资源配置效率进行定量分析，认为我国企业科技资源配置效率并没有实现最优，且不同产业间以及同一产业内部存在较大差异。这一结论在新近研究中也得到证实，尹夏楠等人（2020）对新一信息技术产业版块上市公司的资源配置效率及其动态演化进行测度和分析，企业科技资源配置效率整体偏低。

第二节　科技资源配置效率影响因素分析

对科技资源配置效率开展评价只是了解科技资源配置情况的总体认识，而导致配置效率高低的影响因素则是需要进一步研究的内容，方可以此提出有效的政策建议和优化路径。由于科技资源配置研究通常关注规模、结构、环境三个方面，所以在考量科技资源配置效率的影响因素时也从这三个维度入手。

一、影响科技资源配置效率的规模要素

规模是个总量概念，影响科技资源配置效率的规模要素主要指科研经费投入总量、研发人员数量、科技基础设施投入金额等。虽然已反复指出我国当前从整体上来看科技资源规模已居世界第二位，且与美国差距日益缩小，但科技资源规模对资源配置效率的影响却因研究目标、对象不同而呈现出相对复杂性。

根据《2020年全球创新指数报告》显示，中国R&D人员数量稳居世界第1位，形成了世界上规模最庞大的科技人才队伍。但科技人才规模对资源配置效率影响因研究不同出现不一样的结论。有研究（孟卫东、王清，2013）显示增加科技人力资源投入能够提高资源配置效率，原因在于一方面我国正处于投入产出的弹性阶段，单位人力资本投入的增加可以带来更大的产出；另一方面科技人力资源的投入有利于区域内知识的流动，促进技术扩散，为科技成果转化提供有利创新的环境，推动更加适应市场需求的新科技产品得以研发，从而有利于科技资源配置效率的提高。而另一项研究（刘兵等，2018）却显示不仅区域间科技人才资源配置效率存在显著差异，东部地区科技人才资源配置效率一直处于较高水平，中西部地区科技人才资源配置效率在较低水平中不断上升，而东北地区科技人才资源配置效率出现下降，而且科技人才资源冗余和低效率并存，说明规模因素已难以提升科技资源配置效率。

二、影响科技资源配置效率的结构要素

科技资源配置结构是指科技资源的基本要素在互具可比性的不同地区、不同产业、不同科技活动主体、不同科技活动过程之间的分配格局。当前，结构问题是我国科技资源配置的核心问题。比如，虽然我们科技投入规模位居全球前列，但三种类型研究投入比例不协调，特别是原创性高水平的基础研究投入不足，根据OECD数据显示，美国、英国、法国、日本、韩国等5个国家用于基础研究经费占其国内研发总投入的12%～23%，我国2020年基础研究占全社会研发总经费的比重首次超过6%，这一比例此前多年徘徊在5%左右。众所周知，基础研究科技创新的源头，是为解决"卡脖子"问题背后源头和底层的理论瓶颈。

结构性要素对于科技资源配置效率的影响不仅需要定性判断，更深刻的认识还需要进行定量研究。

（一）产业结构的影响

产业是经济社会发展的基石，在各种结构性要素中产业结构对科技资源配置效率的影响作用毫无疑问处于重要地位。主要原因在于科技资源可以投入到不同的产业领域，不同的产业领域在接受了同样的科技资源投入后所能带来的产值贡献却是不同的，即科技资源的配置效率是不同的。特别是我国正经历新一轮世界科技革命和产业变化，以人工智能、生命科学、物联网、机器人等为代表的高新技术产业对科技资源有更强烈的需求，产业结构调整会引导科技创新资源配置更加优化。王聪等人（2017）的实证研究发现合理的产业结构对于科技研发阶段的资源配置效率具有显著的正向影响。

（二）不同主体间资源配置对效率的影响

科技活动主体包括高校、科研机构和企业，近年来，高校获得来自政府的科技资源从2008年的58%增长到67%，科研机构所获得的科技经费由86%下降到82%，但相比于欧美发达国家，我国高校科技成果转化效果不佳，投入产出匹配度不理想。有学者（岳芳敏、蔡仁达，2021）通过实证发现由于高校更多获取政府投入的科技资源虽然提升了科研能力，但由于科研成果转化和商业化能力不足，最终对科技资源配置效率造成显著的负向影响。

三、影响科技资源配置效率的环境要素

区域科技创新活动不仅受到科技本身条件的制约，同时也与其所处环境紧密相关。一般来讲，创新活动所处的各种环境可归为"硬环境"和"软环境"两类。前者主要包括与创新相关的各种物质条件及相对固定的环境条件，如科研设备、当地经济发展水平、教育水平等；后者主要包括创新管理制度、政策、组织、文化环境等。当前，区域创新范式发生新的变化，正从单纯关注科技驱动、市场驱动向制度建设转变，创新环境正成为创新主体主要考虑要素之一。根据《2020年全球创新指数报告》显示，我国创新环境不断优化，全球排名跃升至31位。然而社会环境又是一个非常庞大而复杂的系统，它由诸多要素而构成，不同环境要素对科技资源配置效率的影响程度也有差异。

（一）经济发展水平对科技资源配置效率的影响

经济发展水平是学者们最常考察的环境要素之一，原因在于科技创新目的是推动经济发展，但由于我国幅员辽阔，地区间处于不同的经济发展水平，使各地区科技资源的投入倾向性和市场环境不同，进而导致对科技资源配置效率的影响不同。一些学者（刘玲利，2008；孟卫东、王清，2013）测度了中国30个省（自治区、直辖市）科技资源配置效率，发现地区的经济发展水平对科技资源配置效率有负向影响，即经济发达的、科技资源投入能力强的省域不一定具有较快的科技资源配置效率增长速度，区域资源配置效率具有趋同特征，只是有的研究结果比较显著而有的并不显著。

（二）经济开放程度对科技资源配置效率的影响

二战以后，经济全球化得到大发展并为世界经济增长提供了强劲动力，促进了科技和文明进步。虽然近些年国际格局变化、新冠肺炎等重大公共卫生事件冲击，使得全球化进程有所放缓，但正如习近平总书记2020年在亚太经合组织工商领导人对话会上讲到"当今世界，经济全球化潮流不可逆转，中国必须坚定不移推进改革，继续扩大开放"。与此同时，科技创新日益重视开展国际合作，谋求科技创新互利互赢。因此，从理论上讲经济开放程度

对于科技资源配置效率变化有内在影响。实证研究发现经济开放对科技资源配置效率影响经历了一个从不显著到部分显著的过程，21世纪初前后，技术引进是创新主要模式，对于自主创新投入不足，技术转让不够重视，因此区域开放程度对科技资源配置效率影响有限（刘玲利，2008）；但近年来，随着我国科技资源投入规模不断增强，创新产出水平不断提高，经济开放程度对成果转化效率具有显著的正向影响，特别是那些处于赶超阶段的地区，开放程度对科技资源配置至关重要（张子珍等，2020）。

（三）科技市场的发育程度对科技资源配置效率的影响

市场在资源配置中起决定性作用不仅被写进了中央有关文件中，更得到了来自实证研究的验证，周琼琼、华青松（2015）研究证明市场在优化科技资源配置中发挥了决定性作用，政府更多发挥了引导作用。技术市场作为最能反映科技资源的市场形式，其发育程度对科技资源配置效率的影响更直接，特别是随着"基础研究—应用研究—产品开发"的线性科研模式正被实践打破，技术研发与技术转化一体化趋势日渐明显，技术市场发展对于科技资源配置将发挥更大作用。

第三节　科技资源配置效率分析方法研究

实证研究利用数量分析技术可以呈现复杂环境下事物间的相互作用方式和数量关系，为我们更好地理解现实世界提供了依据。随着理论基础、研究对象、分析工具等发生变化，实证研究方法也会不断发展。区域科技资源配置效率的分析方法同样经历了不同发展阶段，研究工具也不断丰富，对于更好认识区域科技资源配置效率变化提供了助力。

一、前效率评价法阶段

效率评价方法（又称数据包络分析，Data envelopment analysis，DEA）是运筹学和研究经济生产边界的一种方法，可以很好地用来测量生产效率。但在21世纪初，效率评价方法还没应用到评价科技资源配置研究领域，此时学界考察科技资源配置效率的出发点是将科技资源实际的配置效益与最优配置效益进行比较。主要是利用科技资源配置的经济效益与社会效益的效用函数，构建科技资源配置的效益最优化模型并计算最大综合效益，再以实际数据代入目标函数得到科技资源配置的实际效益，最后得到科技资源配置效率值。张敬川（2002）较早尝试利用此方法考察了广东科技资源优化配置情况，但总体来看该项研究仅是提出建立评价模型的思想，并没有使用统计数据进行实证验证。

除此之外，回归分析作为研究变量之间的依赖关系的一种数学方法也被用于识别影响科技资源配置效率的各种要素。其基本思想是：从一组数据出发确定某些变量之间的定量关系式；对这些关系式的可信程度进行检验；在许多自变量共同影响着一个因变量的关系中，判断哪个（或哪些）自变量的影响是显著的，哪些自变量的影响是不显著的。李石柱等（2003）利用这种方法考察科技资源在不同类型研究阶段（包括基础研究、应用研究、实验发展研究）、不同创新主体、不同产业间的投入比例对科技资源配置效率的影响。虽然从研究方法的精度、结论的现实解释力来看有待商榷，但这对于考察科技资源配置效率及其影响因素而言是个有益探索。

二、效率评价法及其延伸

吴和成、郑垂勇（2004）较早利用DEA方法改进形式用于评价我国区域科技投入产出的相对效率，其基本思想就是投入指标的相关性要小，而产出指标间的相关性要大，并据此构建了评价指标体系。其中，投入指标包括：科技活动人员数、科技活动经费支出额；产出指标包括：科技论文数、发明专利批准数、获国家级奖系数、技术市场合同成交额、高技术产品出口额、新产品销售额。但之后的一段时间内DEA方法并没有成为主要研究方法，期间还存在主成分分析、聚类分析、投入产出比例分析等方法。2006年，吴瑛、杨宏进对效率测量方法进行详尽分析，认为现有方法大体上可分为参数方法（统计方法）和非参数方法（数学规划方法）两大类，并将DEA方法与修正的数学规划方法、确定的统计前沿面方法进行对比分析，认为其不需考虑具体函数形式、不需要大规模样本数据等优势使得适合应用到科技资源配置效率研究中。

　　DEA方法的工作原理如下（张晓瑞、张少杰，2007）：假设有n个不同的区域作为科技水平综合评价的决策单元，每个决策单元都有m种类型的"输入"指标，以及s种类型的"输出"指标，其中，$X_j = (X_{1j}, X_{2j}, \cdots, X_{mj})$表示第$j$个决策单元对应的投入量；$Y_j = (y_1j, y_2j, \cdots, y_sj)$表示第j个决策单元对应的产出量，且$j = 1, 2, \cdots, n$。DEA的两个最基本的模型形式是CCR模型和BCC模型，CCR模型是用于计算该区域既技术有效又规模有效的模型，BCC模型是用于计算该区域仅技术有效的模型，对应于第j个决策单元，这两种模型分别对应的公式形式为

$$(D_{CCR}) \begin{cases} \min \theta \\ \sum\limits_{j=1}^{n} X_j \lambda_j + S^- = \theta_1 X_0 \\ \sum\limits_{j=1}^{n} Y_j \lambda_j - S^+ = Y_0 \\ \lambda_j \geq 0, j = 1, \ldots, n \\ S^+ \geq 0, S^- \geq 0 \end{cases}$$

$$(D_{BCC}) \begin{cases} \min \theta \\ \sum\limits_{j=1}^{n} X_j \lambda_j \leq \theta_2 X_0 \\ \sum\limits_{j=1}^{n} Y_j \lambda_j \geq Y_0 \\ \sum\limits_{j=1}^{n} \lambda_j = 1, \\ \lambda_j \geq 0, \lambda_j = 1, \ldots, n \end{cases}$$

　　其中，λ_j为第j个决策单元对应的最优权重，S^+，S^-为正负松弛变量。以上线性规划的目标函数最优值反映决策单元的相对有效性，如果某个决策单元对应的目标函数$\theta_1 = 1$（或$\theta_2 = 1$），则称该决策单元为CCR有效的（或BCC有效的）；如果$\theta_1 < 1$（或$\theta_2 < 1$），则称该决策单元为CCR无效的（或BCC无效的）。

由于无须预设函数形式、可同时处理多个投入产出变量等特点，使得DER方法在分析科技资源配置效率方面比以往其他方法更有优势。但其局限性在于只能对各个区域同一时间点情况做横向比较分析，若想做历史比较和未来趋势判断，DEA方法存在明显不足（刘凤朝、潘雄峰，2007）。鉴于此，学者们又对传统DEA模型进行了改进并提出众多DEA基本模型的亚类型，比如超效率DEA模型、改进DEA模型、DEA交叉效率模型、DEA–Tobit二阶段法、非期望产出的SBM模型、三阶段DEA模型、链式网络DEA、共享投入关联网络DEA模型、Malmquist生产率指数等。

三、其他效率评价方法

除了广泛应用的DEA模型之外，还有其他一些评价方法被学者使用，从而丰富了科技资源配置效率评价方法体系。比如康楠等（2009）采用平均值法、Borda法、Copeland法及模糊Borda法这四种组合评价的方法对区域科技资源配置效率进行评价。尹夏楠等（2020）借助熵权–TOPSIS方法对中国不同区域高精尖新一代信息技术产业的科技资源配置效率从金融资源分配导向和创新成果效益导向两个维度进行效率评价。

第八章　科技资源配置效率提升策略

第一节　稳步扩大科技资源配置规模

虽然由前述章节理论阐释可知，规模要素对科技资源配置效率的影响效应是复杂的，但在影响科技资源配置效率的各类要素中，规模类要素作为基础依然是影响科技资源配置效率的主要因素。在科技推动下，人类社会的生产、生活正发生着重大改变，认识世界、改造世界的新工具将突破科技瓶颈，量子计算、生物科技以及信息通信技术等核心领域不断取得进展。这些都离不开大规模的科技投入，特别是高质量的规模投入。

一、全球科技投入规模变化趋势

近十多年间，全球研发支出在经历了金融危机后强劲反弹，研发总投入由2009年的1.2万亿美元增长到2018年的2.1万亿美元，增幅75%。根据2020年《全球创新指数》报告显示，2018年全球研发支出增长了5.2%，明显高于全球国内生产总值的增速。分地区来看，全球研发投入高度集中于亚洲、美洲和欧洲三个地区，早在2013年这三个地区的研发投入之和占了全球研发总投入的88%，其他地区的研发投入只占了12%。①分经济体来看，美国研发总投入依然居于领先地位并稳定增长，2018年美国的研发投入总额达5 815.53亿美元，占全球研发投入总额的比重为28.9%，中国研发投入总额仅次于美国，2018年中国研发投入总额为4 680.62亿美元，占全球研发投入总额的比重为

---

① 远望智库，世界主要国家近10年科学与创新投入态势分析，中国网中国视窗，2018-03-30，http：//zgsc.china.com.cn/2018-03/30/content_40275101.html

23.2%，日本、德国研发投入紧随其后，分别占全球研发总投入8.5%和7%，韩国、法国、英国研发总投入体量相当，占全球研发投入总额比重分别为4.9%、3.4%、2.7%。[①]这七个国家研发投入总额占全球比重达到近80%，其余100多个国家仅占21.4%。

但突如其来的新冠疫情全球大流行使得世界经济大幅下滑，2020年全球经济萎缩4.4%，除了中国实现正增长外，其他国家都面临经济负增长。特别需要关注的是新冠疫情不仅没有结束的迹象，甚至新爆发、新变异时时发生，根据世界卫生组织有关专家判断，2021年新冠疫情影响将使形势变得更为严重。[②]面对如此严峻的市场环境，全球科技创新活动却在大数据、人工智能、无人自主技术、生命科技等领域获得蓬勃发展。主要体现在世界主要经济体继续强化国家科技战略部署，比如美国发布《关键和新兴技术国家战略》提出全力维护美国在量子、人工智能等尖端技术领域的全球领导地位；欧盟发布《人工智能白皮书》等若干顶级科技战略文件，拟投入巨额资金支持人工智能、超级计算、量子通信、区块链等颠覆性技术发展；英国更注重国防科技发展，不仅计划将国防预算的1.2%直接投资于科技，还将科技融入国防建设发展；日本将数字技术作为未来科学技术创新要点；韩国未来10年将投资1万亿韩元（59.4亿元人民币）研发人工智能（AI）半导体技术。全球科技竞赛持续加速。

二、中国科技投入规模变化趋势

根据发达国家科技与经济联动发展经验事实表明，科技投入规模的增长率应高于GDP增长率方可保障经济与科技的可持续发展。有学者（吴丹，2016）通过对"八五"以来若干个五年计划期间的研发经费支出数据整理发现，自"八五"以来，中国的研发经费支出不断增加，从1991年的150.8亿元增长至2014年的13312亿元，年均增长率高达21.5%。同期，中国GDP从21781.5亿

---

①刘甜，2020年全球科技研发投入现状与重点领域科研投入情况分析，前瞻网，2021-03-10，https://www.qianzhan.com/aom/ana/yst/detai/220/210310-d3f09482.html

②郑钰，世卫警告疫情第二年或"更严重"[N]，参考消息，2021-01-15（04）

元增长至636 463亿元，年均增长率为15.8%。中国R&D经费支出的增长率比GDP增长率高出近6个百分点。"十三五"期间，中国经济发展进入新常态，一个重要表现特征就是经济增速从高速增长转向中高速增长，GDP从2015年的676 708亿元增长至2020年的1 015 986亿元，年均增长率8.5%。而同期我国研发经费支出从2015年的1.4万亿元增长至2020年的2.4万亿元，年均增长率为11.3%，依然比GDP增长率高出近3个百分点。

研发经费投入强度是用于衡量研发投入的另一个重要指标，是从相对数量角度反映一个国家（或地区）研发经费投入的状况。21世纪以来，我国研发投入强度快速增长，从2000年的1%左右增长到2020年的2.4%，远超欧盟27国研发投入强度（2018年，2.18%），达到中等发达国家水平，并且与经济合作与发展组织（OECD）国家平均水平（2018年，2.38%）相当。①但相比于以色列（2018年，4.94%）、韩国（2018年，4.53%）、日本（2015年，3.28%）、美国（2018年，2.83%）等国家还有不小的差距。②

2021年，中央发布《中华人民共和国国民经济和社会发展第十四个五年规划和2035年远景目标纲要》，提出要在2035年实现科技实力大幅跃升，进入创新型国家前列，并在未来15年中的首个五年规划中保证全社会研发经费投入年均增长超过7%，力争投入强度高于"十三五"时期实际水平。这一方面说明国家坚持创新驱动发展战略不动摇，并以"底线目标"保持对科技投入规模稳定增加，据此测算的话，到"十四五"末我国研发经费投入总量将达到37 582亿元（按2020年不变价格），预计与美国研发经费规模基本相当；另一方面，对研发经费投入强度采取定性规定意味着未来我国不再"为投入而投入"，不将片面追求研发投入强度作为科技创新发展的主要目标，而是将更多地关注优化研发投入结构、提高研发投入质量等方面，原因在于建设创新型国家除了研发投入强度更重要的是建立完备的国家创新体系和提升创

---

① 金叶子，中国研发投入大数据：哪些行业是亮点，哪些区域增长快？第一财经，2021-05-06，https://www.yicai.com/news/101042425.html

② 刘甜，2020年全球科技研发投入现状与重点领域科研投入情况分析，前瞻网，2021-03-10，https://xw.qianzhan.com/analyst/detail/220/210310-d3f09482.html

新能力，特别是新发展阶段下更要客观认识科技研发投入强度与创新发展水平的关系，警惕因片面追求研发投入强度而产生的决策风险。

第二节 调整优化科技资源配置结构

"十四五"时期我国将进入新发展阶段，为应对可能面对的新挑战和抓住新机遇，党中央做出了加快形成国内大循环为主体、国内国际双循环相互促进的新发展格局的重大战略部署，并提出要以科技创新催生新发展动能。当我国科研投入规模所能发挥的效应有所减缓时，结构性因素对科技资源配置效率的影响将成为新阶段创新发展的主要研究问题。

一、构建以企业为主体的科技创新体系

科技资源配置是指人、财、物等科技资源在企业、高校、科研机构等不同创新主体间以某种方式进行分配。当前，科技资源配置已成为能否推动我国科技创新进一步发展的关键核心问题。2020年，习近平总书记在科学家座谈会上就加快制约科技创新发展的一些关键问题提出6个方面课题，其中整合优化科技资源配置位列第二。科技资源配置重要性由此可见一斑。鉴于企业既是各国家（地区）研发投入的主要来源又是主要执行者，因此构建以企业主体优化资源配置的创新体系成为题中应有之义。

（一）充分发挥企业研发投入主体作用

企业是技术创新主体，其研发投入的规模和水平直接反映国家技术创新的能力、水平和竞争力。随着我国社会主义市场经济体制确立以来，企业日益成为市场主体。为了应对激烈的市场竞争，创新创造成为企业生存发展的根本。为此，不断增加研发投入成为企业谋求创新发展的重要手段。近年来，受益于科技体制改革，我国企业创新研发投入规模不断增加。统计数据显示，2000—2016年间，我国企业研发经费在全社会研发经费中所占份额呈现增加的趋势，从60%增加至78%。据欧盟发布的《2020版欧盟工业研发投资记分牌》报告显示，在全球研发投入TOP2500公司中，我国以536家企业数量

排名全球第二。其中，华为、阿里投入最多，华为研发经费支出是中国上市企业前五名的1.25倍，为中国上市企业前十名的74.8%，为中国全部上市企业的12.95%。[①]

从研发投入强度来看，伴随研发经费投入规模的不断增加，我国企业研发投入强度也得到提升，但与发达国家相比还有较大差距。据《全国科技经费投入统计公报》显示，2019年，我国企业研发投入强度为1.32%，其中高技术制造业企业研发投入强度为2.41%。而发达国家企业的研发投入强度可达到3%左右，其中高技术企业研发投入强度可达到5%以上。有学者（胡志坚等，2018）根据经济合作与发展组织（OECD）的有关数据测算，中国企业研发投入强度排名从2005年的第25位上升至2016年的第15位。虽然有较大的提升，但仍只约为美国、日本和德国的60%左右。中国有创新活动的企业占比也较低，根据各国公布的企业创新调查数据显示，中国有创新活动的企业所占比重约39.1%，落后于瑞士的75.3%、德国的67%，也低于日本的48%。可见，中国企业创新意识和创新能力还有较大的差距。

（二）加快促进产学研深度融合

十九届五中全会指出要坚持四个面向推动创新驱动发展，即面向世界科技前沿、面向经济主战场、面向国家重大需求、面向人民生命健康。由此可以看出科技创新一方面是满足人类探索世界的好奇心，另一方面更是为满足人民美好生活提供支撑，两者并行不悖又相互促进。这就需要企业、高校、科研机构等各创新主体紧密合作、协同共进，发挥各自在创新链上的不同作用，畅通创新链，围绕创新链合理配置科技资源，加快科技成果产业化商品化转化。正如习近平总书记在2020年科学家座谈会上所指出的整合优化科技资源配置要发挥企业技术创新主体作用，推动创新要素向企业集聚，促进产学研深度融合。

---

①金叶子，中国研发投入大数据：哪些行业是亮点，哪些区域增长快？第一财经，2021-05-06，http://www.yicai.com/news/101042425.html

1. 企业产学研合作创新发展现状

一般来讲，理解产学研融合有两个维度：一是从技术需求方维度，企业作为技术创新主体如何从高校、科研机构等创新源获取生产所需专门知识、核心技术、扶持政策等；另一个是从知识技术供给方维度，大学、科研机构作为知识创新主体，如何将学术发现转化为破解企业"卡脖子"问题的技术支撑。此处着重从技术需求方——企业维度出发予以研究。回顾企业合作创新历程可发现产学研融合经历了一个由点到面、由低到高、由浅入深的发展过程，呈现出合作规模扩大、合作内容不断深化、合作形式不断丰富、合作水平不断提升等特点。根据全国企业创新调查结果显示，2018年，我国开展产学研结合创新的企业为5.2万家，占合作创新企业的比重为36.9%；其中与高等学校合作的企业占合作创新企业的比重为30.0%，与研究机构合作的企业占全部合作创新企业的比重为17.6%。从企业规模来看，大型企业开展产学研合作创新占比达到80.7%，而中小型企业比例分别为70.5%和64.5%。[①]

2. 引导企业加大对基础研究投入力度

近年来，以美国为首的西方国家频频对我国实施各种形式的科技封锁，"卡脖子"问题在多领域爆发，其实质反映出我国关键核心技术背后的源头性、基础性研究没有跟上，没能有效提供理论支撑。从不同类型研究所获得的研发投入规模可以得到验证。总体看，虽然我国科技研发投入规模位居于世界前列，但用于基础研究的研发经费占比仅6%，原因在于我国企业作为研发经费增长的主要拉动力量，其在基础研究上的投入占比非常低。2019年，企业的基础研究经费投入为50.8亿元，虽较去年增长51.6%，但占企业研发总经费的比重仅0.3%，远低于全社会平均水平；占全国基础研究总投入比例为3.8%，而美国、日本、欧盟企业的基础研究经费约占基础研究总经费的20%。[②]

---

①2018年我国企业创新活动特征统计分析，科技部，2020-04-17，http：//www.most.gov.cn/xxgk/xinxifenlei/fdzdgknr/djtj2020/202004/t20200417_153227.html

②刘根，基础研究经费增长22.5%财政科技支出破万亿[N]，科技日报，2020-08-28（01）

3. 丰富创新产学研合作模式

经济学家约瑟夫·熊彼特曾指出，产学研合作过程是技术创新过程。企业、大学、科研机构以企业对新技术的需求为目标开展各种形式的合作，致力于科技成果转化和技术研发，从而获得产、学、研各方独自无法达到的目标和高效益。产学研合作肇始于20世纪50年代斯坦福大学倡导建立的斯坦福科学园（硅谷模式），其既是大学科学知识与企业资本结合的产物，也是全球最早建立的产学研基地。在此基础上，其他国家也陆续推进本国产学研融合发展，比如芬兰的科技园区与大学相互"渗透"，日本诸如丰田、东芝等龙头企业本身就是产学研联合技术创新系统。

我国真正意义上的产学研开始于20世纪90年代，经过多年发展涌现出多类型产学研合作模式，比如中央村的项目纽带合作、建设平台合作、产业技术联盟合作三大类（王晓明，2015），还有学者（袁志彬，2017）根据企业与高校科研机构合作紧密程度提出五种产学研合作模式，分别是企业拥有自主独立研发机构、联合多方在企业共建研发平台、组建产学研战略联盟、搭建科技成果转化和孵化公共服务平台、在科研院所设立产业技术研究院，并指出产学研合作未来将是多种模式共存。

（三）构建多元化风险投资体系

随着人类对广义世界边界探索不断拓展，现代科学研究与以往相比呈现出如下特点：一是观察世界所借助的科学仪器设备日益庞大和昂贵；二是科学研究目的更多和经济社会发展需求紧密相关；三是网络化、协作化研究正在成为主流。这些特点预示着现代科学研究日益成为一个需要巨额经济支持的结构体系。与此同时，由于政府的财政收入有限以及企业的资金实力不强等原因，单靠政府、企业和高校的科技投入都不足以支撑强大的科技需求，这就使得现代科技投入存在着资金缺口是一种常态。为此，世界各国除了不断加大政府科技投资之外，积极鼓励引导各类社会资本、风险投资进入创新领域，比如美国不仅在整个国家层面上形成了公共（政府）资助和私人资助（企业、私人基金会、大学和风险资本等）的混合机制，可以协同支持整个科技创新链条上的活动，而且在政府层面上也形成多个部门和机构支持科技发展的机制，有利于激励源头创新，开辟新的战略研究方向。近年来，随着一系列鼓励研发政策有效实施，比如税收优惠、财政科技投入稳定增加等，我国研发投资支持体系得以不断完善。但与美国相比，我国研发投入体系相对单一，金融资本、其他类型社会资本对科技创新及科技成果产业化的支持力度不足。

因此，需健全科技资源风险投资机制，着力构建稳定、多元、长期的科技投入体系，将政府、企业和高校以外的社会资金、国外资金引入科技活动，共同参与科技创新活动，以弥补科技投入的资金缺口。要发挥资本市场枢纽作用，推进创新要素资本化，开拓风险投资的融资渠道，培育多元化的市场主体，完善有利于风险投资发展的相关政策、法律、法规，建立、健全风险投资的退出机制。

二、增加基础研究投入以优化不同类型科研活动科技资源配置比例

基础研究、应用研究与实验发展研究共同推动了创新发展，但由于三类研究在创新中目的不同，所发挥的作用不同，需要配置的科技资源也不同，如何在资源有限性下将科技资源合理配置给三类研究活动，使其发挥最大效益则成为值得关注的议题。当前，我国进入新发展阶段，科技创新实力有了大的跃升，科技研发投入规模居世界前列，但一些关键共性、"卡脖子"问题亟须得到突破，一些原创性、根发性、基础性原理需要提出。这些说明科技资源在三类研究活动中的配置结构与以往要发生根本变化，正如中央发布的《中华人民共和国国民经济和社会发展第十四个五年规划和2035年远景目标纲要》中首次提出要持之以恒加强基础研究。鉴于此，优化三类研究科技资源配置结构具有重要现实意义。

（一）对基础研究、应用研究与实验发展研究关系的认知变化

根据研究对象和研究目标不同，科学创新活动包括基础研究、应用研究和试验发展三种类型。其中基础研究发现基本原理、规律和新知识；应用研究是为某一特定的实际目的开展的初始性研究或为了确定基础研究成果的可能用途，或确定实现特定目标的新方法；试验发展是开发新的产品、工艺或

改进现有产品、工艺而进行的系统性研究。一直以来，三类研究活动之间的关系受到学界的广泛讨论，传统观点认为三类研究活动之间呈线性创新链条，即基础研究为应用研究和发展研究提供理论基础，应用研究把基础研究所获得的理论知识转化为实用技术，而试验发展研究则把应用研究的成果经济化、实用化，以便进入生产。但随着现代科学研究呈现出的新特点、新要求，学界对三类研究活动之间的关系也有了新认识，认为三类研究活动之间已不是简单线性关系，如美国《科学和工程指标2014》中指出"基础研究、应用研究与实验发展研究"的划分方法只是强化了创造新知识和创新是一个线性工艺的观念，但在其他的分类方式可衡量性尚未得到验证之前，这种分类方法仍然是有用的。而从发展实践来看，美国等发达科技强国重视基础研究和应用研究之间更为互动，彼此之间的边界变得模糊，主要表现就是基础研究不仅有原创性的成果，而且对产业和经济发展做出了巨大贡献（樊春良，2018）。

（二）持续增加政府对基础研究的投入力度

基础研究是创新的源头活水，而基础研究的发展离不开持续稳定的研发经费投入。改革开放以来，我国对基础研究的投入逐年增加，特别是"十三五"期间，基础研究投入增长近一倍，2019年达到1 335.6亿元，年均增幅达16.9%，大大高于全社会研发投入的增幅。特别值得注意的是我国基础研究占全社会研发投入比重首次达到6%。但相比于世界科技强国尚有显著差距，从投入规模来看，我国基础研究经费投入总量仅相当于美国的四分之一；从投入强度看，美国（16.9%）、英国（16.9%）、日本（11.9%）、法国（24.4%）等都远超中国。

稳定增加中央政府对基础研究的投入。多年来，我国基础研究经费的主要投入方是政府，特别是中央财政支持。2019年，中央政府基础研究资金699.1亿元（104.5亿美元），占政府基础研究经费的85%左右。但相比美国还有差距，美国联邦政府2018年财年，基础研究经费为289.4亿美元，在中国GDP为美国的67%背景下，中央政府基础研究投入只是美国联邦政府基础研究投入的

36%。[①]因此，为进一步强化国家战略科技力量需要持续稳定增加中央政府对基础研究的投入，特别是科技部、中国科学院、自然科学基金委员会等相关机构要加大对基础研究经费支持力度。

引导鼓励地方政府增加基础研究投入。近年来，地方政府加大了对科技创新投资力度，表现在地方财政支出中用地科技支出项迅速攀升，2019年达到6544.2亿元，占国家财政科技支出的61.1%，虽然多数主要用于研发活动下游和成果产业化阶段，但也出现一些新变化，比如广东省2019年地方科技拨款中，"基础研究"科目的支出同比去年增长了1025.2%，[②]说明地方政府对于基础研究推动产业升级、经济增长的重要性开始有了新认识。

三、增强高校科技资源配置效率

高校是科技创新发展的主要执行主体，是科学知识的生产者和提供者，是实施国家科技创新战略的重要推动力。正如习近平总书记在2020年科学家座谈会上所强调的，"要发挥高校在科研中的重要作用，调动各类科研院所的积极性，发挥人才济济、组织有序的优势，形成战略力量"。近年来，相比于企业、科研机构而言，高校所获得的科技资源特别是来自政府的科技资源相对更多。但根据研究（岳芳敏、蔡仁达，2021）发现高校更多获取政府投入的科技资源虽然提升了科研能力，但由于科研成果转化和商业化能力不足，最终对科技资源配置效率造成显著的负向影响。因此，有必要提升高校科研成果转化能力以实现增强科技资源配置效率的目标。

（一）建立高校科技资源协调共享机制

科技资源是高校创新发展的关键条件和保障。高校科技创新的竞争力、服务经济社会的能力以及人才培养的水平都与科技资源紧密相关。近年来，我国高校科技经费投入规模大幅提升。2019年，高等学校科技经费投入1796.6亿元，增长23.2%，远高于同期的企业（11.1%）和研究机构（14.5%）。

---

① 王元丰，基础研究投入支撑强科技战略[N]，环球日报，2020-11-02（15）

② 张锐，广东地方财政科技拨款"基础研究"科目支出悄然翻了十倍，经济观察网，2020-11-06，http://www.eeo.com.cn/2020/1106/430364.shtml

但在科技资源配置方面存在着一些问题：一是科技资源重复建设、利用率低下，以科研仪器为例，有数据显示有65.9%的科研仪器年有效工作机时小于标准机时，其中又有60.8%的仪器年有效工作机时不到标准机时的1/2；[①]二是科技资源使用分散、共享率不高，特别是在服务企业方面还有较大提升空间，比如根据科技基础条件资源调查数据显示高校大型科研仪器总服务机中仅有6%用于支撑企业的研发测试工作。[②]因此，要做好顶层设计，健全完善科技资源共享法律法规体系及相关政策制定；加快推进国家科技资源共享服务平台建设，吸引科技资源向国家平台汇聚与整合；提升创新券政策使用效能，增加科技资源特别是大型科研仪器设备向企业服务力度。

（二）优化高校科技成果转化的机制

近年来，我国出台了一系列促进高校科技成果转化的法律法规和政策措施，为推动高校科技成果转化发挥了重要作用。根据《中国科技成果转化2020年度报告（高等院校与科研院所篇）》显示，科技成果转化活动持续活跃，2019年，3 450家高校、科研院所以转让、许可、作价投资方式转化科技成果的合同项数呈增长趋势。但因为技术熟化能力不够、市场需求变动较大、资金回报前景不明等原因致使有80%的高校专利权和科技成果转化率在10%以下，远低于发达国家的40%。[③]因此，需要不断优化高校科技成果转化机制。

1.加强科技成果转化相关法规政策衔接和落实

党的十八大以来，围绕科技成果转化科技部、教育部等相关部门出台了一系列政策措施（如表8—1所示）。但在实践过程中依然存在很多问题，比如政策普及不到位、政策落实不顺畅、政策执行有偏差等。这些存在的问题和障碍严重影响了政策效果的发挥。因此，要进一步推进科技成果转化政策的衔接和落实。第一，要加大科技成果政策宣讲解读力度，组建科技成果转

①韩天琪，科研仪器共享如何实现双赢[N]，中国科学报，2017-07-31（07）

②程豪、周琼琼，我国重大科研基础设施调查数据分析[J]，今日科苑，2018（05）

③汤鹏程，中国高校科技成果转化率目前远低于发达国家，人民号，2019-06-25，https://mp.polnews.cn/pc/ArtlnfoApi/article?id=5153870

化政策咨询服务平台，助力科研主体加深对相关政策的理解，加强落实政策的主动性、创造性。第二，要加强对科技成果转化政策落实情况开展动态监测，对于政策落实有效的案例要及时总结经验并予以推广，可定期委托第三方机构对科技成果转化政策进行评估，进一步完善政策、优化流程，加强政策服务（吴寿仁，2017）。

表8—1　十八大以来关于科技成果转化相关政策

设立时间	政策名称
2015年	《中华人民共和国促进科技成果转化法》（修订版）
2016年	国务院颁布《实施〈中华人民共和 国促进科技成果转化法〉若干规定》
2016年	国务院办公厅出台了《促进科技成果转移转化行动方案》
2020年	《关于提升高等学校专利质量 促进转化运用的若干意见》
2020年	《赋予科研人员职务科技成果所有权或长期使用权试点实施方案》
2020年	《关于进一步推进高等学校专业化技术转移机构建设发展的实施意见》

内容来源：科技部、教育部网站

2.鼓励高校设立科技成果转化专门机构

科技成果转化流程长、部门多，是个系统工程，依靠科研人员独自完成是不现实的。根据欧美等科技强国成果转化实践来看，设立专门机构用于科技成果是有效的经验。比如，美国高校采取"咨询公司""联络办事处""大学专利公司""高技术创新中心"等形式的成果转化专门机构；英国剑桥大学设立工业联络办公室，为教师和科研人员的科研成果寻找市场；除此之外，德国慕尼黑工业大学技术转移中心、以色列希伯来大学伊萨姆技术转移公司等等都为高校科研成果转化提供了助力。①反观之下，我国高校中仅有9.5%的单位设立了专门的技术转移机构。鉴于此，要加快我国高校科研成果转化专门机构的建设速度，推进科技成果转化基地（平台）系统性布局，大力培养专业化成果转化管理和服务人才，特别是既懂得成果转化，又

---

①2020全球百佳技术转移案例，中国国技科技交流中心，2021-04-27，http：//www.ciste.org.cn/index.php?m=content&c=index&a=lists&catid=98

具备法律、财务、市场等专业知识的复合型人才。

3. 完善优化评价考核体系

当前，高校评价考核体系对于科技成果转化激励不足，也成为严重影响科技成果转化效率的重要因素。一直以来，我国高校定位于知识生产和人才培养，与经济现实和市场实践缺少互动，由此带来的对科研成果的认定也更多以论文、著作等为主，相应的科研考核评价指标相对单一，严重挫伤了一些更擅长开展科研成果实际应用转化的积极性。因此，要处理好基础研究与成果转化的关系，不断完善相关的科技成果转化评价考核制度，可借鉴美国评价体系进行分级的经验做法，构建多元、动态科技成果评价体系。改革人事制度，可探索设立专门的科技成果转化岗位并根据科技成果转化情况进行绩效考核。

4. 明晰科技成果转化收益分配

在科技成果转化的各类"堵点"中，科技成果权益分配问题也是亟须重点解决的问题。长期以来，高校科技成果产权不清、权责不明，无法跟市场真正接轨，这是科技成果转移转化最大的体制性障碍。国家相关部门已经出台了一系列相关政策明确提出了将职务发明成果转让收益在重要贡献人员、所属单位之间合理分配，鼓励高校根据自身实际情况在落实国家相关政策基础上采取激励相容原则，设置科学、合理的成果转化收益分配方案，在激发科研人员和高校的积极性的同时，保障各类对科技转化做出重要贡献的人员和机构的技术权益（郭英远、张胜，2018）。

（三）优化高校学科设置向关键技术、行业重点领域转移

高校除了生产知识，还为经济社会发展培养合格人才，特别是随着高等教育与经济发展之间的关系日益紧密，这种职能俨然成为社会发展的动力源。这就涉及高校学科建设与产业发展之间的关系：一方面，产业发展对学科结构起决定性影响作用；另一方面，学科发展对产业升级也有反作用，若适应产业发展需要，就会促进经济的发展，反之就会起消极作用（刘畅，2011）。其本质反映了科技资源在高校学科为适应关键核心产业发展而调整中实现有效配置。科技发达国家非常重视高校学科设置的产业适应性问题，

比如美国麻省理工学院经过学科专业被动适应产业、主动调整适应产业到适应并助推新兴产业发展三个阶段，使得科技资源在学科专业与产业优化互动中实现高效配置。

当前我国教育体制落后影响到产业结构的升级及经济发展方式的转变，学科配置和教学方式不灵活，缺乏弹性，并且高等教育有重理论、轻实践的特点，这些都严重影响了高校作为配置主体在科技资源配置过程中作用的发挥。因此，可借鉴国外大学成功经验，着重专业结构与产业结构联动发展，建立以市场需求为导向的政府宏观调控、高校自主调整、社会力量参与的专业结构优化调整模式，将学科重点放到关键技术、行业重点领域上，加快相关专业人才和管理人才的培养。

四、深入推进科技计划管理改革

科技计划是以解决经济、社会发展及科学技术自身发展的重大科学问题为导向，由政府组织进行科学研究和技术开发活动的基本形式和政策单元，是政府通过配置公共科技资源，组织并推动科技发展的基本渠道和主要模式（葛春雷、裴瑞敏，2015）。多年来，我国科技计划管理不断优化，呈现出体系化管理、制度化建设的特点，为提升我国自主创新能力和建设创新型国家发挥了巨大作用。但时至今日，科技资源分散、重复、低效等问题没有得到根本性解决，科技管理中存在的投入大成效低、忙评审轻科研的弊端依然存在。因此，有必要在保持现有成效基础上继续推进改革。

（一）利用现代信息技术提升科技计划管理水平

当今世界已是信息化、网络化时代，互联网、大数据应用场景日益丰富。作为科技创新最前沿领域，需要充分利用现代信息技术提升科技计划管理水平。可基于科研大数据、AI等技术建成公开统一的国家科技管理平台，实现科技计划项目申请、评审、立项、在研、结题、成果等全在线下。并可借鉴德国科技计划管理经验，将项目管理委托给专业化项目管理机构承担科技计划的全过程管理，以减轻政府的管理负担，弱化政府部门的权利。同时也有利于整合分散在各部门的近百项科技计划。

（二）提高科研计划经费管理质量

科技计划经费是支撑科研人员实施科技计划的重要资源，但也是困扰科研人员的主要问题。根据《第四次全国科技工作者状况调查报告》显示，当前科研经费管理不科学、不合理问题主要存在于预算编制要求过细过严、项目预算执行自主调剂力度不够、项目经费报销程序繁杂、疲于应付经费审计等方面。[①]为此，需要继续简化预算编制，提高间接费用比例。比如我国将在国家自然科学基金试点"包干制"，赋予科技领军人才更大的人财物自主权和经费使用权，让科研经费更好地为"人的创造性"服务。

第三节　营造有利于科技资源配置的环境

一、注重各类经济要素与科技资源配置效率的相互影响

（一）激发经济发展与科技资源配置协同共振

党的十八大以来，习近平总书记总结提出并多次强调的"三个第一"，即发展是第一要务、创新是第一动力、人才是第一资源。这"三个第一"背后暗含了科技资源配置与经济发展之间的紧密关系。第一，发展第一要务是科技创新的目标所在，我们当前正处于并将长期处于社会主义初级阶段，经济发展仍然是解决一切问题的基础和关键，这就决定了科技创新要紧扣经济发展需要、国家战略需要，正如十四五规划和2035年远景目标纲要中所提出的科技创新要面向经济主战场，相应的科技资源配置也要向这一目标有所倾斜。第二，科技创新是推动经济发展的第一动力，在新一轮科技革命和产业变革下，创新对经济发展的推动作用已远远超出其他因素，而科技资源又是创新发挥推动作用的基础，其配置效率高低决定了创新作用发挥的优劣与否。

学界对科技资源配置与经济发展之间的关系进行过有益探索。一些研究

---

①詹媛，科研成果转化难、经费管理不合理等问题仍普遍存在[N]，《光明日报》，2018-12-07（05）

运用计量经济学方法研究表明，科技资源配置与经济增长之间存在稳定的均衡关系，即科技资源配置效率每上升1个百分点，GDP增长率将增加0.5个百分点，并指出经济的较快发展可创造条件以引进更多的管理方法和生产技术，提高科技资源配置效率；而科技资源配置效率提高更利于经济发展，但是这种长期均衡关系在短期内则存在着产出弹性和动态调整（陈诗波，2018；陶富、刘静，2021）。但从区域层面来看，经济发展水平与科技资源配置之间的关系比较复杂，虽然经济发展水平高的区域可得到较多科技资源投入，但也会存在大量资源错配以及浪费现象，导配置效率不高；而经济基础较弱的区域可能会充分利用有限科技资源开展创新活动，得到较高的科技资源配置效率水平（梅姝娥、陈文军，2015）。

随着我国进入新发展阶段，特别是我国经济总量突破100万亿元、人均GDP突破1万美元等关键门槛值，经济高质量发展成为常态，发展模式也从重速度、重规模向重内涵、重结构转变。在此背景下，提升科技资源配置效率促进经济高质量发展是题中应有之义。但也要看到，我国由于幅员辽阔而存在显著的区域差异，根据《清华大学中国平衡发展指数报告（2020）》显示，近年来，我国南北发展水平和内部平衡程度都实现了阶段性提高，但北方地区除了社会领域外，其他领域总的平衡发展水平均落后于南方地区，南北差距日益突出。这就决定了不同经济发展水平区域对提高科技资源配置要有差别化策略：经济发达地区应充分利用自身经济优势更多地从结构层面推进科技资源配置效率提升；而经济欠发达地区在一定阶段内挖掘现有科技资源结构效应的基础上，持续增加对科技资源规模投入以发挥规模效应，从规模效应和结构效应两个维度来提升区域科技资源配置效率。

（二）推动科技资源配置与产业结构互相促进

产业是经济发展的引擎和动力。新一轮科技革命和产业变革的时代背景下，深入实施制造强国战略已被写入"十四五"规划纲要中，其中产业基础高级化、产业链现代化则成为推动产业发展的重要抓手和目标。创新作为产业发展动力需要把握产业未来发展方向进行科技资源配置，产业界也要对具有前瞻性、重大突破性科学创新成果保持较强敏感度，提早布局。正如习近平总书记在深圳经济特区建立40周年庆祝大会上讲话所强调的，"要围绕产业链部署创新链、围绕创新链布局产业链，前瞻布局战略性新兴产业，培育发展未来产业，发展数字经济"。因此，从本质上来看，科技创新与产业发展具有内在相关性。

学界从理论层面对两者之间的内在相关性进行了有益研究，认为创新通过科技资源投入对产业结构高级化具有积极的推进作用，而产业结构高级化进程具有自我推进或者抑制的作用，这也会导致创新效率的加速实现或者减速实现（付宏等，2013）。具体表现就是产业结构的调整会使科技资源重新配置，使资源流向生产率更高的部门，有效提高产出水平，有利于科技创新能力的提高和配置效率的改进；同时，科技创新资源的有效配置能够促进本地区产业结构的调整与优化升级，使科技创新资源促进经济发展的作用得到最大限度发挥。

因此，从宏观层面来看要充分发挥市场决定性作用，不断优化产业结构。具体到产业内部，产业结构与科技资源配置之间的相互关系呈现出不同类型，进而相互促进策略也各有侧重（王春杨，2013），一类是科技资源匹配能力比较强的产业，其影响科技资源配置效率的途径就是在现有产业规模和科技投入规模的基础上，重点做大做强产业，优化产业内部结构，以结构调整带动科技资源配置优化，进而增长自主创新能力，提高产业国际竞争力；另一类则是科技资源匹配能力较弱的产业，其策略选择还是要立足在加大科技资源投入力度，提升规模效应，通过加强科技能力建设、提高产业技术创新能力，以产业优化提升引导科技资源有效配置，最终实现两者协同共进。

（三）不断提升全球配置科技资源能力

全球化作为在世界范围内日益凸显的新现象，已成为新时代的基本特征。在全球化下，各类资源（包括科技资源）在一定程度上可以实现全球范围内的流动在更大空间范围内实现资源的优化配置和合理利用。进入21世纪以来，科技的全球化速度明显加快。主要原因在于：一是互联网通信技术和长距离交通的易得性、便利化使得跨国科技交流的成本、门槛得以降低；二是科学活动的内在本质决定了科技全球化的迅猛发展，不同于其他有形物质的全球化，科学本质重在思想交流，这就使得科技全球化具有了内在驱动力；三是全球性问题日益增多，21世纪以来，人类所面临的许多问题已非单个国家所能解决的，而是需要全球共同应对，比如气候变暖、新冠肺炎疫情等重大公共卫生事件的应对治理，都需要全球科技界的合作。世界主要发达国家都充分认识到国际科技合作的战略意义，通过多种形式在全球范围内配置科技资源，比如美国或将一些基础科学领域的科技计划向全球开放，或是通过将一些大科学工程、国际性实验设施及基础研究对外开放，从而与国外开展科技合作与交流。但值得注意的是，发达国家对于具有重大商业价值和经济潜力的科技计划都比较封闭；另一方面，发达国家特别强调研究成果知识产权归属问题，比如德国要求申报科技计划的外国研究机构要在本国注册成立相应的公司或研究分支机构，且在德国有长期业务。

随着我国科技水平提升，国际科技合作日渐增多，对于优化利用国际科技资源、加快我国创新发展的重大意义和作用有了更加深刻的认识。习近平总书记也反复强调创新是开放环境下的创新，绝不能关起门来搞，而是要聚四海之气、借八方之力。近十年来，我国颁布了一系列科技计划管理办法，逐步取消了国外科研机构和科研人员在申请科技计划上的种种限制，加快了我国科技创新国际合作的步伐。但也要看到，和欧美国家相比，我国科技资源全球配置能力还有差距。根据国家科技评估中心和科瑞唯安联合制定的《中国国际科技合作现状报告》显示，中国的科研合作中心度在当前国际科技合作"一极多强"格局中排名第七，美国位居首位，英国、德国、法国、意大利、加拿大紧随其后。[①]

因此，我国通过不断提升对外开放水平，积极参与并日益主导国际科技交流合作，从空间维度提升科技资源有限性边界，利用国际国内两种科技资源，在全球视野下提高科技资源配置效率。具体策略如下：第一，坚持在开

---

①刘天星、彭颖，整合全球科技资源 占据国际创新高地[N]，《学习时报》，2017-08-02（07）

放中实现科技自立自强，特别是当前我们所处的国际国内发展形势下，要持续推进自主创新，在一些关键领域、核心部件、前沿技术打造"长板"和非对称竞争优势；第二，借鉴发达国家经验做法，做好顶层设计，从系统性出发，既要制定具有全局性、前瞻性战略规划，也要有详细分类规划；第三，以大科学计划、大科学工程为抓手开展国际重大科技合作项目。

二、优化市场环境促进科技资源配置效率提高

众所周知，在配置资源的各种方式中，市场是配置资源效率较高的一种方式。改革开放四十多年，我国市场在资源配置中的作用不断得到强化。特别是十八届三中全会出台的《中共中央关于全面深化改革若干重大问题的决定》这一具有重大历史意义的纲领性文件明确提出，要紧紧围绕使市场在资源配置中起决定性作用深化经济体制改革。这将市场在资源配置中的作用从之前的"基础性"提升到"决定性"，更加强调了市场在所有社会生产领域的资源配置中处于主体地位。科技资源作为资源的一种，其配置效率高低自然也受配置方式的影响，从理论上讲市场对于科技资源配置相比于其他方式而言更有效。技术市场是市场体系的组成部分，其所交易的商品是以知识形态出现，以推动科技成果向现实生产力转化为宗旨。因此，技术市场发展情况对于科技资源配置有重要作用。

（一）我国技术市场发展现状

技术市场最早出现在发达国家，其初衷是通过专利制度的执行来鼓励个人进行技术的买卖，进而改善整个社会的福利。回顾历史，国外技术市场发展既有集中爆发期，也有持续低迷期，在起伏波动中不断成熟完善。相比之下，我国技术市场较晚出现。1985年，中共中央《关于科学技术体制改革的决定》中明确指出要以市场经济体制为基础，"开放技术市场，实行科技成果商品化"。随后出台了《中华人民共和国技术合同法》，标志着我国技术市场建设正式上升到法律层面。但由于相关配套政策措施不完善，彼时的技术市场一直存在市场规模较小、交易模式单一等问题（叶祥松、刘敬，2018）。21世纪以来，随着《国家中长期科学和技术发展规划纲要（2006-

2020年）》《国家"十二五"科学和技术发展规划》《关于加快发展技术市场的意见》等文件的出台，为技术市场发展提供了有力的政策支持与制度保障，我国技术市场进入高速发展时期。根据《2019年全国技术市场交易快报》显示，2019年全年共签订技术合同484 077项，成交额为22 398.4亿元，比1991年技术市场交易额增长236.95倍，首次成交额突破2万亿元，创历史新高。但相较于全球技术市场的成交规模所占比重仍然较小，2019年中国技术市场成交额仅占全球十分之一，与中国世界第2的经济体量极为不匹配（姜江，2020）。

（二）推进技术市场建设提升科技资源配置效率

1.打造国家级技术市场

一般来讲，技术交易市场的载体以技术交易平台运作为代表。发达国家技术交易市场能够得以快速发展的原因之一就在于逐渐形成了具有较大影响力的技术交易平台。美国国家技术转移中心（NTTC）提供整合性技术交易信息网站及专业咨询服务。欧洲创新转移中心（IRC）提供跨国际的即时技术交易服务，对欧洲区域间的技术转移成效颇大。其他还有德国创新市场（IM）、日本Technomart、韩国技术交易所（KTTC）、英国技术集团（BTG）等。①反观我国，虽然已建成北京技术交易市场等13个国家级常设技术市场，但总体上发展相对滞后，亟须进一步加强建设，面向国际产业技术创新制高点，进一步夯实技术创新的领军优势，发挥核心引领作用。

2.加强知识产权保护

良好的知识产权运用机制和保护环境是国际技术贸易的重要保障，是激发技术要素市场活力的关键因素。知识产权制度源起于西方国家，工业革命时期，英国、德国、美国都利用专利保护推动了本国技术和工业的发展并一跃而成为世界强国。20世纪70年代，美国更是将知识产权作为国家发展战略提出，建立了以《专利法》《反不正当竞争法》《商标法》三大支柱型知

---

① 全球知名技术交易平台和技术转移机构，北京大学开放实验室，2014-03-01，http：//www. labpku.com：81/xqjs/jsjydt/2087.html

识产权法律体系，使其成为全球采用知识产权保护本国利益最为成功的国家（石蕾，2012）。我国没有形成知识产权是财富的概念，因此在中华人民共和国成立后至改革开放前的历史时期，对知识产权尚属初步探索阶段。改革开放后，随着中国专利局（现为国家知识产权局）成立以及《商标法》《专利法》等一批法律文件颁布，我国开启了知识产权制度建设。党的十八大以来，习近平总书记多次对知识产权工作做出重要指示，并通过深化党和国家机构改革——重组国家知识产权局，为我国知识产权事业发展做出了很好的顶层设计。

21世纪以来，知识产权日益成为国家发展的重要资源和国际竞争力的重要体现，成为创新创造的关键因素。许多国家更加强化知识产权保护的重要作用，比如德国推出"预防战略"、日本提出"知识产权立国"、美国制定更严格的知识产权条款等。我国已是世界第二大经济体，科技创新能力也居全球前列，亟须加快知识产权制度建设，通过知识产权强国战略推进，积极参与知识产权领域的国际合作，增强我国主导国际知识产权规则能力，这不仅可以强有力地维护自身的知识产权利益，抵制知识产权霸权，还可在全球知识产权治理体制向着更加公正合理方向发展方面体现中国意志。

3. 培育强化技术交易中介服务

一般而言，技术交易活动参与主体众多、科技成果技术集成要求高、交易周期比较长，单靠个体（特别是高校研发机构科研人员）实现一个完整的交易过程难度大、成本高，没有体现市场高效配置科技资源的决定性作用。因此，亟须一类能够勾连技术商品供需双方并为双方提供相关服务的专业组织，即技术中介。从范畴来看，技术中介是通过特殊的技术中介服务，推动科技成果向现实生产力的转化、转移和扩散，从而创造出更多的经济效益和良好的社会效益。从作用来看，技术中介是技术成果商品化、产业化的桥梁和纽带。从服务内容来看，技术中介主要开展信息收集、提供场所、组织各类技术交易活动等。

技术中介服务源起于西方发达国家，特别是二战以来，为应对日益激烈的科技竞争，美、英、德、日等国都大力发展技术中介服务机构，助力科技成果快速实现产业化、商品化，以提高科技成果对本国经济和社会发展的影响。以美国为例，美国已形成发达的技术中介服务业，其所拥有的技术中介服务机构种类繁多、功能完善、专业化程度高，并可以提供诸如技术咨询转让、专利代理、基金支持等全方位服务（李霄、唐任伍，2012）。我国技术中介服务起步较晚，初期仅在北京、上海、江苏、广东等经济发达区域，以生产力促进中心、高新技术企业孵化器、科技咨询与评估机构、创业投资服务机构等形式开展技术中介服务。近年来，伴随着科技市场交易规模不断扩大，技术成交合同额快速增长，对技术中介服务需求日益增加。2014年，国务院颁布《关于加快科技服务业发展的若干意见》为加快推动科技服务业发展提出若干意见。

　　经过多年发展，我国技术中介服务机构已达到6万多个，相关从业人员超百万。[①]但与发达国家相比还有差距，也与我国快速发展的科技交易需求不相适应。因此，需要采取措施推进技术中介服务发展。第一，进一步营造有利于中介机构发展的制度环境，尤其要强化科技中介机构信用体系建设，加大对于违信、市场欺诈行为的打击力度；第二，鼓励信誉好、实力强的头部科技中介机构积极扩大与国际科技机构、组织的交流与合作，积极吸引外资科技中介机构进入国内技术市场开展业务，借助重大项目合作，推进建设一批国际科技合作基地；第三，加快培养一批复合型技术中介服务人才，不同于一般中介服务，技术中介服务具有知识密集型特征，这就对从业人员提出较高要求，因此要从专业设置、人才体系建设、高端人才吸引等方面入手，实现技术中介人才专业化。

[①]杨敏，国外科技中介机构的运作模式及启示[J]，《太原科技》，2005（05）

第九章　构建新发展格局下的创新体系

第一节　创新体系内涵及功能研究

近年来，创新是社会各界最为关注的热点话题，探讨范围从国家创新到区域创新，从企业技术创新到政府管理创新，其中尤以科技创新为甚。正如本书前述章节所描述的，当前我国已进入新发展阶段，需要以科技创新驱动、高质量供给引领和创造新需求，最终形成强大的国内市场，构建新发展格局。基于此目标，未来"十四五"及今后一个时期，科技创新有了新发展方向，其中一点就是要完善科技创新体系。针对此现实需求，学术界也纷纷从不同角度对科技创新体系开展相关研究，比如创新体系构建、评价、国际化、治理、国际经验借鉴等。这些研究成果不仅对我们理解国家和区域创新的内涵有所帮助，同时对指导国家或者是区域的创新体系建设也有很大的帮助。特别是党的十九届五中全会首次提出将科技自立自强列为国家战略支撑，并明确指出要完善国家创新体系，加快建设科技强国。因此，如何在构建新发展格局时代大背景下完善创新体系，以更好发挥科技创新引领、驱动发展作用，则成为当前及今后一段时期内的重点研究内容。

一、由创新到创新网络的现实需要

毫无疑问，约瑟夫·熊彼特是创新经济理论的建立者。由于创新自身的复杂性使其从发展之初就迅速引起来自诸多不同研究领域的学者的关注，而这种激增的交叉研究一方面推进了人们对于创新的认识，如创新的过程、创新的决定因素、创新的社会效应等方面的知识，另一方面又很难对创新有一个统一、明晰的定义，或被认为是带来的新的产品或结果，或被认为是引进新事物的一个过程，或被认为是通过创新主体的研发投入获得相应的成果，并将该成果在生产实践中及时转化为生产力的过程。

我国学界对创新经济的研究源起于20世纪90年代对熊彼特思想的国内传播（李乾文，2005），随后不断发展。与此同时，我国经济社会发展实践正处于改革开放高速发展阶段，社会主义市场经济体制确立、市场主体活力、积极性得到极大迸发，特别是进入21世纪以来，中国制造业规模迅速扩大，连续11年位居世界第一，制造业的占比比重对世界制造业贡献的比重接近30%，在500余种主要产品中，有220多种产量位居世界第一。强大的生产能力使我国消费品市场的竞争不断加剧，市场特征日益由卖方市场逐渐转变为买方市场，这时生产企业或商家只有真正面对市场、根据用户个性化需要开展生产，才能在竞争中生存下来。因此，现代企业生产已不再是简单的"生产—消费"模式，而是处于不断的反复研发、生产的创新过程之中。也就是说对于任何一个市场的主体而言，唯有不断在组织模式、产品、工艺、管理、战略等方面开展创新，才有可能占据市场主导地位。无数事例都表明没有永远的市场霸主地位，市场唯一遵循的法则就是唯有"创新方可生存"，创新不可能停止，并且它是一个循环往复的递进过程。

特别值得注意的是，伴随互联网、大数据、人工智能等现代技术深度嵌入社会经济活动之中，企业生产交流网络化趋势初露端倪，大多创新都已离不开网络，无论是传统的线下社会化网络，还是当前线上虚拟社交网络，创新已相应变成在网络环境中产生，并不断与用户进行交互的持续过程。与此同时，现代科学研究特点正从单一主体推进、单点突破、小规模实施向多主体协作、集成式突破、大规模的大科学研究范式转变。可以说，创新已进入技术创新与创新环境间的嵌入、自组织演化阶段。盖文启等（1999）认为创新是"一种社会的、非线性的过程，环境行为主体通过相互协同作用而创造技术的过程，也是学习知识的过程"。另外，伦德瓦尔（Lundvall）则将创新定义为"一个社会性的、地域性的、嵌入的互动过程，一个不考虑其制度和文化背景就无法理解的过程"，该概念特别强调创新的地域特性，即创新是和特定区域、特定资源、特定环境、特定文化和特定人群等相关的一种实践活动，不同区域有不同的创新活动。鉴于此，科技创新发展实践对创新体系研究提出了理论发展需要。

二、创新体系内涵研究

一个无可争辩的事实是创新体系的研究始于英国经济学家克里斯托夫·弗里曼。20世纪七八十年代，弗里曼通过对日本、对欧美的快速技术赶超现象的深入观察，认为国家间的追赶、跨越不仅是技术创新的结果，同时还伴随有许多制度、组织的创新，从而是一种国家创新体系的系统演化的结果（陈劲、王焕祥，2011）。与此同时，伦德瓦尔等其他与弗里曼同时代的经济学家们从不同角度对创新体系内涵予以界定，比如伦德瓦尔认为创新体系是一个在国家层面上涵盖不同组织、机构和社会经济体内部组成，及彼此之间相互关联的、开放的、复杂的且不断演变的体系，这个体系决定了基于科学知识和技术经验学习过程的创新能力建设的效率与方向；纳尔森认为创新体系是由大学、科研机构、企业等形成的复合体制，其中包括一系列制度因素，通过适当的制度设计实现技术的私有和公有之间的平衡（郭淡泊等，2012）。作为政策实践代表性的是经合组织（OECD）提出的概念，其认为国家创新体系是由不同机构组成的集合，这些机构共同或单独致力于新技术的开发和扩散，并向政府提供了一个制定及执行政策以影响创新过程的框架，同时认为知识流动是联系国家创新体系结构各主体的核心要素（张俊芳、雷家骕，2009）。期间，围绕创新体系研究逐渐形成两个各具特色的研究共同体：一个是以弗里曼、帕维特（Pavitt）等人及其平台——苏塞克斯科学政策研究所（Science and Technology Policy Research Unit，SPRU）为代表的英国学派；另一个是以美国经济学家理查德·纳尔逊（Richard R.Nelson）、罗森伯格（N.Rosenberg）等人为代表的美国学派。

我国对创新体系开展研究较晚，自20世纪90年代中期开始，一些学者借鉴国外研究对创新体系理论及其在解决中国宏观经济体制问题的应用进行深入研究。在探索创新体系内涵的过程中，深感于创新内涵的多样性、宽领域，因此对创新体系定义也呈现出不同视角。有研究认为创新体系是教育、财政或金融、研发、政府规制四个子系统及其相互之间互动组织的理论框架（陈劲，1994），其中政府与企业的职能尤为重要，前者通过制定科技创新政策措施推动创新体系发展完善；后者则是创新的主体和核心。石定寰和柳卸林（1999）等立足中国现实，通过深入分析和国际比较，提出我国创新体系的定义。还有学者将创新体系定义为与知识创新和技术创新相关的机构和组织构成的网络系统，其骨干部分是企业、科研机构和高等院校等，并描述了国家创新体系的内在结构与功能关系。21世纪以来，在前期理论和实践发展基础上，学者对创新体系内涵不断完善，从系统层面赋予新内容，认为国家创新系统包含教育体系、研究与发展体系、资金体系、企业技术创新体系、政府的规则（包含中介机构的服务）体系等，创新体系可表现为一组创新主体（企业、研究机构、政府等）及其相互联系作用组成的网络系统，通过知识和技术的创造、储备、转移及扩散、应用，以提升一国的整体创新能力和创新效率（雷小苗、李正风，2021）。

基于上述溯源分析，创新体系内涵可以包括如下几个方面的内容。

第一，地理边界的明显性和开放性。随着创新体系研究的进一步深入，创新体系的空间边界不断扩大，其中从区域角度可包括国家创新体系、区域创新体系，其体现了创新体系从范畴上是以地理边界来划分，但同时又跨越边界的"束缚"，信息、要素都可以跨越边界，在体系内外得到交互和融合。

第二，创新体系包括多个创新主体，如政府、企业、高校、科研院所及中介服务机构，各主体之间通过知识和信息的交流构成创新网络。

第三，区域创新体系中各主体之间共享和互换显性知识和隐性知识。

第四，区域创新体系与区域内的政治、社会、经济、文化和生态环境之间相互作用、相互影响，共同构建、维护和推动创新的运行和发展。

三、创新体系的功能研究

一般来讲，功能是指系统从事或实现着某种事情（埃斯奎斯特，2009）。创新体系作为一种系统也具有一定的功能。从整体上来看，创新体系的功能主要体现为科学技术进步、创新的开发扩散和应用、产业结构转换、区域经济发展和社会进步等。在具体功能分类来看，学者们进行了不同的探索，有学者（黄志亮，2007）将创新体系功能按发挥程度分为直接功能、总体功能和核心功能。

（一）根据创新体系功能发挥程度分类

1. 创新体系的直接功能

创新体系的直接功能是推动区域内部经济主体在经济活动中的创新行为。具体功能主要有需求创新、生产要素创新、产业创新、环境创新、制度创新、组织创新、文化创新七大功能。需求创新是指区域内的家庭、企业、政府、非政府组织等均是需求主体。对需求主体而言，其需求层次的提高、需求种类的多样化和精细化、需求范围的扩大等，称为需求创新。另外，本地、外地、海外市场的开拓、深化等也是需求创新的功能。生产要素创新是指生产中使用的劳动力、技术、资金、知识、土地、资源等生产要素质量提高和组合优化的过程，就是要素创新。其中，知识和技术是最主要的要素。产业创新主要是指产品质量及样式的改进，服务质量和方式的改进，新产品、新服务的投产或运营，产业结构层次提高及产业组合的优化，产出数量和质量的增加和优化，劳动生产率的提高，都是产业创新。它是区域创新的中心内容。环境创新是指一定区域内居民生产、生活共同依托的基础设施、公共设施、网络科技设施、生态条件等突破性改善或层次提高，就是环境创新。组织创新是指一定区域内生产、生活的主体或机构因内外部条件的变化而进行的组织机体的进化或变革，就是组织创新。一种原有组织的机体变革，或因内外部条件变化而出现的新组织，均属于组织创新。制度创新是指为激发区域内组织主体或创新主体的创新活力和提高客体要素的创新质量及效率而进行的基本制度变革、体制变革、机制变革，就是制度创新。制度创新是区域内主客体要素实现总体创新或根本性创新的必要前提。文化创新是指一定区域的经济主体思想、观念、习俗等的变革，转变区域内经济活动主体的观念，激发他们沉睡的创新潜力，唤起他们对更加美好的生活的追求，就是文化创新。文化创新是区域产业创新的先导。区域文化创新主要有两种方式：一种是本土产生的进步思想、进步观念、进步习俗被人们广泛接受；另一种是外来的进步思想、进步观念、进步习俗被引入本地并被人们吸纳接受。

2. 创新体系的总体功能

创新体系的总体功能与直接功能紧密相关，是直接功能所对应的创新子系统协调作用所形成的创新体系的总体功能。包括如下几个方面。

第一，较快提升区域劳动生产率。区域创新系统最主要的综合功能是区域劳动生产率的迅速提高。在区域制度创新、区域文化创新的前提下，区域创新主体的潜能得以充分发挥，区域经济活动主体的需求不断提高和创新，直接推动区域知识创新、技术创新等不断涌现，从而导致对区域创新环境提出新的要求，并使之不断改善，最终推动区域新兴产业的出现。主导产业的依次更替，产出效能的不断提高，总体上表现为区域劳动生产率的提高。

第二，区域核心或综合竞争优势的形成。创新体系的最大特点是它不是单一子系统发生作用，而是若干子系统协调发挥作用。各区域创新主体之间有效地交流和互动，各区域创新客体因素之间有机联系和互动，各软硬件因素之间在一定地域内建立起稳定的网络式联系和协调互动，最终在一定区域内形成某个或某几个产业的核心竞争优势，或者形成经济、政治和社会文化的综合竞争优势。

第三，区域经济社会的快速发展和民众福祉的持续改善。区域创新主体积极性的调动、区域创新客体各要素的综合创新、区域创新软环境的改善、区域产业结构的优化和产出率的提高，使区域内民众福祉的持续提高或改善。后者既是创新体系建立和运行的目的，又是创新体系建立和运行的约束条件。

（二）不同发展阶段创新体系功能分类

根据弗里曼和苏特（2004）的研究可知，创新体系发展存在着历史演化过程和不同阶段。因此，创新体系功能可按所处不同发展阶段加以划分。刘立等人（2010）在已有的关于创新体系功能论研究的基础上，提出了创新体系的10个功能，包括技术创新、知识生产及扩散、教育培训与人力资源、创

业试点示范、生产制造、市场开发、资本和资源动员、网络与联系、制度及
其变革、对社会及环境的影响。更进一步，创新体系功能会随着发展的不同
阶段而呈现出不同特征。比如技术创新功能，当创新体系处于依附型时则表
现出以经验为基础、渐进创新、技术引进等特征，若创新体系处于追赶型阶
段则技术创新功能呈现出消化吸收再创新、集成创新、个别原始创新的特
征。当创新体系发展到自主型阶段，技术创新功能就会呈现出自主创新成为
主导、全球创新网络出现等特征。

表9—1 创新体系不同发展阶段功能表现特征

功能	依附型	追赶型	自主型
技术创新	以经验为基础；渐进创新；技术引进	消化吸收再创新；集成创新；个别原始创新	自主创新成为主导；全球创新网络
知识生产及扩散	以经验为基础；试错法；知识引进	以科学为基础；数量增长；吸引海外研发机构	质量提高；创新性产出；研发国际化
教育培训及人力资源开发	落后；技能人才匮乏	大力发展本国教育；留学增长；吸引海外人才	培养创新性人才；吸引国际学生；国际化
创业试点示范	缺乏创业激励和创业能力	大力鼓励创业；中小高新企业；科技园	走出去
生产制造	传统工业；技术落后；进口设备	外商投资；代工生产	自主设计生产，自有品牌生产全球生产网络
市场开发	国内市场	国内市场，出口	全球市场
资本和资源动员	本地自然资源开发及出口；资金缺乏；国际举债	本国资源；吸引外商直接投资；银行贷款；风险投资	外商直接投资；利用全球资源
联系与网络	基础设施薄弱；部门条块分割，各自为政	基础设施不断改进；部门之间联系不断加强；官产学研；地方与中央联系紧密	加入全球生产和创新网络

续表

功能	依附型	追赶型	自主型
制度及其变革	保守僵化	启动体制改革；与国际接轨（如知识产权保护）	适应全球化的制度；在国际规则中取得主导
对社及环境的影响	未受重视	劳资冲突；社会两极分化；环境恶化；社会和环境意识增强	追求可持续发展及和谐社会

表格来源：刘立.李正风.刘云.国家创新体系国际化的一个研究框架：功能—阶段模型[J].河海大学学报（哲学社会科学版）.2010，12（03）

四、创新体系的中国政策实践

创新体系理论在我国的实践应用基本上是与其理论传播同步渐进而行。20世纪90年代，创新体系理论被引入国内，学界重点围绕创新体系概念与框架进行了不同程度的探讨分析。彼时，虽然创新体系与我国科技体制尚没契合，但开始出现一些实践探索，比如1993年，国家出台《关于大力发展民营科技型企业若干问题的决定》赋予了民营科技企业合法的市场主体地位。

21世纪前后，随着对创新体系理论的探索不断深入，企业、政府、科研机构等是创新体系主体日益成为各界共识，加快推进科技体制改革以建设完善国家创新体系成为这一时期的重要议题。1999年，党中央、国务院召开了全国技术创新大会，对促进科技成果产业化和深化科技体制改革进行了全面动员和总体部署，标志着我国科技体制改革进入一个新的历史阶段。但是，一些深层次问题在这一阶段不断显现，比如政府—市场在创新发展中的关系定位模糊、科技与经济处于割裂状、产学研衔接渠道不畅等。这说明创新体系理论在中国政策实践的应用还需要继续深入推进，通过深化科技体制改革，优化科技资源配置来完善国家创新体系（冯泽等，2021）。2005年，我国发布《国家中长期科学和技术发展规划纲要（2006—2020）》并在其中首次提出要全面推进中国特色国家创新体系建设，该纲要将国家创新体系定义为以政府为主导、充分发挥市场配置资源的基础性作用、各类科技创新主体紧密联系和有效互动的社会系统，同时指出国家创新体系建设的重点包括科研经费投入体系、创新环境支撑体系和创新资源整合体系，目标是形成以企业为主体的高效科技创新组织结构网络。至此，我国对创新体系探讨从内涵研究发展到如何建设创新体系、建设什么样的创新体系。

自党的十八大以来，党和国家愈加重视创新作用，明确提出"科技创新是提高社会生产力和综合国力的战略支撑，必须摆在国家发展全局的核心位置"，要坚持自主创新、实施创新驱动发展战略。2012年，中共中央、国务院印发《关于深化科技体制改革加快国家创新体系建设的意见》，提出加快国家创新体系建设的重要性和紧迫性。随后国务院及国家发展改革委、科技部、教育部、工信部等部委先后出台数十份政策文件，从不同侧面对提高我国科技创新能力、建设国家创新体系进行了规划和指导，比如促进科技成果转化、重大科技基础设施建设、科技服务、科研经费资助管理等。2017年，中央在十九大报告中明确提出要加快建设创新型国家，而实现这一目标必须着力提升科技创新能力，通过一批世界一流科研机构、研究型大学、创新型企业良性互动、功能互补，加强国家创新体系建设，强化战略科技力量。2020年，党的十九届五中全会报告中在总结前期发展成果的基础上进一步提出要完善国家创新体系，加快建设科技强国，这为进入新发展阶段、构建新发展格局的科技创新提出了方向性策略。

第二节　创新体系的理论与结构研究

一、多重研究视角下的创新体系

尽管"国家创新体系"概念是弗里曼等人于20世纪80年代正式提出，但其本源可追溯至19世纪40年代的弗里德里希·李斯特（Friedrich List）。为了探讨德国作为欠发达国家如何超越英国这一发达国家，李斯特认为要制定各种与学习和采用新技术有关的政策，以加速或实现工业化和经济增长，并在对18世纪与19世纪初英国国家创新体系的特征，以及19世纪末与20世纪美国国家创新体系的特征进行历史性解读之后，明确指出政府在创新体系的建设和运行过程中具有举足轻重的作用，特别是在配套资源、激励机制、区域差异等方面是最为有力的调节力量。值得注意的是，创新内涵的丰富性使得创新体系的多维理解，其中起关键作用的就是"系统性"互动（布朗温·霍尔等，2017）。这种"系统性"互动不仅指创新发展过程中科学、技术以及技能之间的互动，也包括不同创新主体之间的互动。因此，在前述章节从跨国家、区域、产业、城市等不同空间维度对创新体系进行了直观描述的基础上，需要从多重理论视角进一步探讨创新体系的发展逻辑。

（一）创新体系的演化经济学研究范式

虽然说早在19世纪前后就有如凡勃伦（Veblen）、熊彼特、马克思等先行者提出了经济学上的演化思想，但直到20世纪80年代，纳尔逊和温特（Winter）出版了《经济变迁的演化理论》一书才标志着现代演化经济学的诞生。与传统新古典经济学以原子论和机械力学作为理论基础不同，演化经济学吸收了生物进化、遗传、历史、制度、量子力学、混沌等社会科学和自然科学理论精髓，形成了全新的解释经济现实范式（玄兆辉，2016）。演化经济学认为社会经济不是均衡、静止的，而是始终处于持续不可逆的运动状态，因此，揭示经济变化中的过程是其主要的研究内容，技术创新则是推进经济社会不断变化的核心动力。这种不断变化观点与创新体系的"系统性"互动性质相互契合，这就为演化经济学用于分析创新体系提供了基础。在过去的10年中，演化经济学已经发展出了一种以创新为核心的系统观。演化经济学研究范式主要借鉴生物进化理论中的创生机制和选择机制以及历史发展的角度对创新体系展开研究，认为创新体系具有保留和传递信息、产生创新并带来多样性，以及在多样性之间进行选择这三大功能（吴晓园等，2011）。除此之外，演化经济学对创新体系研究中不仅强调历史、环境、制度变迁对技术创新的影响，同时注重系统内的多个创新主体之间的互动和信息交流。例如，在政府的影响下，相互分工与关联的企业、高校、科研机构和中介服务机构等共同构成了创新系统的组织与网络体系。

从演化研究范式视角出发，在影响创新体系形成与演化的各种机制中生境选择、多样性、适应性学习是最为核心的机制（李微微，2006）。生境选择源于生物学范畴，指某种生物对生活地点类型的选择或偏爱，应用到创新体系上是指突破性创新起始状态下的特定环境、条件或产生空间。而相互联系的创新组织或个体对同一生境的选择导致了创新体系的形成。适应性学习有助于促进创新体系的持续成长，主要表现在创新体系内部的创新主体会进行频繁互动，在互动中通过彼此之间的不断学习、借鉴、变革而超越自身，这样导致整个区域内部的不同主体处于动态的变化过程之中，从而形成能够正常运行并不断演变进化的创新体系。

（二）创新体系的网络组织研究范式

网络一词最早用于分析人际沟通等社会学领域，20世纪50年代，人类学家纳德尔（S.F.Nadel）、巴内斯（J.A.Barnes）等人开始引入网络的概念用于研究不同群体之间的内在联系。20世纪八九十年代开始，伴随经济全球化影响日益扩大，网络相关研究被经济学家们作为一种研究方法应用到社会经济领域，且成为经济学家在分析经济全球化现象和区域创新现象时经常运用的理论工具。纵观网络组织理论发展历程，对于网络组织内涵尚没有形成统一认识，但都认同网络组织是一种复杂组合、是相互依赖个体或组织之间紧密联结而成，具有自相似、自组织、自学习特征的动态演进系统，可形成协同效应。

网络组织研究范式对创新体系的研究侧重于区域内各主体之间如何形成网络并使其高效运行，力求从总体上把握区域发展和创新的过程与机制，并尤为强调创新的空间、环境、人文等要素，从而把对区域创新的研究提升到了更深的层次和高度。有一些经典案例可以验证网络组织范式在创新体系形成过程发挥着重要作用。比如美国硅谷作为典型的成功创新体系，其发展过程中产业集群、大学与企业之间的紧密互动、知识和信息的快速流动、强烈的个人创业欲望、包容失败的创业文化、自由高频的人才流动，还有高素质的外来移民群体等形成的网络组织发挥了重要作用。正是由于在硅谷地区形成了一种根植于本地的社会网络，在这个网络中，各种不同的创新活动和非正式的交流使得各个相关主体之间既相互竞争又不断在新技术方面互相学习和合作，使得企业内外水平横向的沟通异常频繁，从而营造了有利于企业与供应商、客户、大学等进行交流的良好创新氛围（萨克森宁，2000）。

（三）创新体系的集聚经济理论研究范式

根据新经济地理学研究，我们所面对的并非一个"扁平的世界"，自然资源乃至大多数生产要素并非在各个区位均匀分布，而是集中在若干区域，这一经济现象即是集聚。由此可以认为集聚就是同一类型或不同类型的产业（或企业）及相关支撑机构为了追求成本节约等利益在一定地域范围内的集中、聚合。马歇尔（Mashall）、克鲁格曼、波特等学者尝试分析集聚经济研究范式与创新体系之间的内在逻辑。马歇尔认为集聚有利于知识、信息、技能和新思想在集群内企业之间的传播和应用，从而有利于协同创新环境的形成，并以兰开夏郡、谢菲尔德为研究案例，将这种彼此间有密切联系小公司的专业化集聚称为产业区；克鲁格曼认为不同企业或众多产业的集聚可以带来单位成本的急剧下降，而区域本地化产业的形成则是由于专业化劳动力集中、辅助工业聚集，以及知识和信息交流频繁等三个原因造成的；波特发展了马歇尔、克鲁格曼等关于区域集聚效应的理论，提出了解释国家竞争优势和区域竞争优势获得的产业集群理论，即"钻石"理论，这一理论关注于产业集聚所形成的区域生产体系，并将其置于全球生产系统和国家乃至区域生产系统之下，不论在理论上还是在实践上都拓宽和深化了区域创新体系的研究。

产业集群与创新体系之间的关联性在于产业集群的产生将单个企业的创新行为聚集起来，形成更广维度和更大范围的集体创新行为（谯薇，2009）。具体体现在：一是地域关联，不论是创新体系还是产业集群，两者都是在一定研究区域范围内，且以产业集群为基础，按照一定的制度安排组成创新网络与机构，进而形成一定层级创新体系，某种意义上可以说产业集群是创新体系的重要载体（杨冬梅等，2005）。二是作用机理关联，创新实质是体系内创新主体相互作用的过程，区域整体创新能力的提高离不开各种主体、组织之间建立长期合作关系，而产业集群正是大量专业化产业（或企业）及相关支撑组织在特定空间内的柔性集聚，并结成密集的合作网络，与此同时，创新体系的有效运行会加速形成空间集聚从而形成更高质量的产业集群（陈柳钦，2005）。三是要素关联，不论是产业集群还是创新体系都是由一系列要素构成，包括企业、高校、研发机构、中介组织等主体要素以及基础设施、制度等环境要素，这些要素具有较高的重合性，特别是高科技产业聚集的区域，通过构建主体间的联系网络和学习机制，形成本区域的竞争优势，是产业集群和区域创新体系建设的相同之处（徐永刚，2010）

在产业集群中有一类集聚得到学术界的重点关注，即新产业区。溯源可知，新产业区源于马歇尔的产业区理论，20世纪80年代前后，当发达国家很多地区陷入经济衰退与停滞时，意大利北部的艾米利亚—罗马格纳区等少数几个地区经济却呈复苏甚至增长，由此新产业区概念提出并得到学界的深入研究。学者们发现这些发展良好的新产业区具有一些共同的特征，包括柔性化生产、本地网络联系、企业对区域的根植性、相关机构的完备、不断学习与创新、特定的社会文化（刘晶，2002）。新产业区理论的核心就是依靠创新主体之间的自身力量来发展区域经济。区内各创新主体通过共同战略或目标结成一种合作网络，并建立起长期的协作关系，促使创新主体，尤其是企业实现协同创新，从而营造一种独特的区域创新环境和文化，使区域经济、社会、文化三者协调并持续发展。在我国大部分地区出现的高新技术开发区、较发达的专业镇企业区和外向型工业开发区，都可以在新产业区理论的指导下发展，从而为区域创新体系理论提供坚实的实证支持。

（四）创新体系的学习型区域研究范式

学习型区域理论综合了创新体系理论、制度演化理论，尤其是区域制度的动态演进理论、学习过程理论等。知识在演化经济学里具有明确的地位，并强调两个主要的命题：一是创新是一个互动的过程；二是创新受到各种制度规则和社会规范的影响，这两点都催生了学术界对于"资本主义的本质是学习型经济"的强烈的讨论兴趣，并有"知识是最重要的战略资源，学习是最重要的过程"的论断。在经济地理学领域，已有大量研究运用演化经济理论工具，尤其重视学习、创新及制度在区域发展中的作用。

现有研究成果表明，区域创新与知识及学习存在着内在的、密切的关系，知识与劳动、资本及技术一样成为经济增长的重要来源（余以胜，

2015）。学习是源源不断汲取和传播知识的过程，创新是学习的过程和结果，是把新知识或综合不同旧知识使之出新，并将其引入到经济中的活动，知识、学习、创新是个连续不断、互相作用的一体化过程。

区域内集群形成的原因之一正是通过一定的区域社会网络寻求隐性知识，如特定个人或群体拥有的地方性知识、技能和诀窍等。区域创新理论继承了这种对知识的划分，把知识放在内生变量的分析框架中，特别强调隐性知识的作用，认为隐性知识可以在整个区域内进行生产、存储和流传，是区域主体之间互动学习的核心内容，对区域竞争力和可持续发展起重大支撑作用。隐性知识最初是由英国哲学家波兰尼提出，即指难以用文字、图表、公式等表达出来的知识。由于隐性知识具有特定社会背景、集体学习产物以及不能长距离传递的粘滞性特征，无形中增加了知识转移成本、降低组织或个人之间沟通的积极性，并阻碍组织掌握知识能力的提高（李林等，2020），也在很大程度上决定了创新活动的空间分布。但由于创新体系发展离不开知识流动或知识溢出，可以说知识流动或溢出是创新体系高质量发展的核心动力之一。因此，就有必要促使区域内的创新主体建立信任关系，进行直接的面对面的交流，不仅获取对企业核心竞争力有关键意义的隐性知识，同时增强隐性知识的显化，促进知识无障碍转移（刘国柱，2010）。这就决定了隐性知识与邻近性（proximity）成为知识活动与区域经济关系的重要表现，这种邻近性体现在地理的邻近、制度层面的邻近、组织层面的邻近及关系层面的邻近，隐性知识的传播成为区域创新体系的内在黏合剂。

创新体系需要通过获取、传播及创造知识来得到发展，其中互动学习是重要途径。由此也可以证明创新从本质上来讲就是一种交互作用和持续学习的过程。值得注意的是，随着世界、区域科学技术竞争日趋激烈，以及知识创新复杂程度和风险的加深，使得学习过程不再是单个企业的行为，也不是行为主体之间简单的合作关系，更不是一种短期的急功近利行为，更多的是一种长期的、共同的集体行为的结果。这是因为，学习具有两个典型的特征（周国红，2004）：一是学习的累积性。新知识从创造者转移到接受者（即知识、信息的转移过程），需要双方不断地相互作用、协同合作，从而导致了知识累积过程的产生。学习是区域内成员在交流中实现知识创造与共享的过程，新旧知识的更替随着技术和应用的发展变得更快，这必然使得学习在整个生命周期内成为长期的过程。二是学习的互动性。区域创新知识、技术和经验的转移和扩散，仅靠企业在市场中进行交换是远远不够的，知识和技术的扩散和利用更多地要依赖于创新主体之间的交流与合作，依赖于区域内创新主体的共同学习和相互交流的过程。而且，以创新网络为基础的区域创新体系的形成，企业之间的交互及在信任基础上实现的非契约形式的合作，不但有效降低了学习的社会成本，同时加速了隐性经验类知识的扩散和转移。

企业间学习优于企业内学习，当几个企业合并在一起时，企业间学习所具有的一些不能替代的优势就会失去（刘志华，2014）。因为单纯的企业内部学习，将导致企业内部能力与企业外部能力兼容性的下降，致使企业内部能力本身的价值下降。但在区域体系中，随着分工的深化，企业间学习既突出了企业能力的异质性，又促使了企业之间能力的互补，从而可以有效降低协调成本，即使单个企业增值创新影响不大，但是通过网络连接和传递，企业之间可以产生知识和信息的"累积效应"，而累积的效果就可以使产品的设计和生产率的提高更为有效。增值创新正是在干中学、用中学、通过相互作用而学习的过程中出现的。

总之，对于拓宽区域创新理论的研究视野，深入分析区域创新的过程与运行，以上范式无疑提供了良好的研究角度和分析工具。作为理论渊源，它们启发了我们对创新体系的理解，但同时，由于理论兴起的社会背景具有很强的复杂性，以上理论只是开展创新体系研究的几种典型范式，随着创新体系问题研究的深入开展，其他视角和方法的研究也不断地参与进来，这些理论和方法一起推动了关于创新体系研究的进步和发展，对于我们深刻理解创新体系的各种相关问题提供了非常重要的启发。

二、创新体系的要素结构分析

根据系统科学观点，世界万物皆是系统，从宇观到微观，从物质到精神概莫能外。所谓系统并非独立存在，而是若干可相互作用的要素构成的复合体。也就是说任何一类系统或组织都是由多种要素及其相互关系组合构成。这些要素可包括基础要素、环境要素、条件资源要素等。创新体系作为一种系统是在特定区域空间下，由若干要素相互作用而成的复合体。

（一）创新体系的基础要素

从本质来说，创新体系就是企业、高校、科研机构、政府、服务机构等各类创新主体要素通过相互作用实现科技成果转化、提升创新能力和水平。不同制度安排下，创新主体在创新体系内的地位、作用也有不同。创新目的是为了将科学技术成果转化为现实生产力以推动经济发展，最终满足人民对美好生活的需求。按照熊彼特的观点，最有可能促成科技成果从实验室到市场化、商品化转化的就是具有企业家精神的市场主体。在欧美等市场经济发达国家，企业是科技创新的核心，助力基础研究、应用基础研究的成果完成"惊险一跃"，进行现实转化。我国计划经济时期，企业不具备独立市场主体地位，在科技成果转化过程中无法发挥创新主体作用。特别是自党的十八大以来，随着我国市场经济发展日益成熟，企业在创新体系中的主体地位和作用不断增强。党的十九届五中全会，更是明确提出要强化企业创新主体地位。

政府部门在创新体系中通过政策和法规等手段起到引导调控的作用。"政府被作为国家创新体系的重要因素，以各种方式介入与其他要素（如企业、大学和公共科研机构等）的交互作用之中。"总之，创新离不开政府的有效干预。政府与市场是互补的，凡是市场机制能够发挥作用的领域和方面，政府就不要过多介入；在市场失灵的领域和方面，则需要通过政府干预加以补充。政府主要通过实施政策和提供公共产品来影响创新系统的运行。比如，实施税制、金融政策、劳动政策、教育政策，建设创新基础设施。

高校、科研机构作为创新知识的生产者毫无疑问在创新体系中居于主体地位。其核心作用主要体现在担负着创新知识和技术供给、创新人才培养和为企业技术开发提供支撑的职能，是企业技术创新的重要依托。中华人民共和国七十多年来，我国科学前沿领域取得了丰硕成果，从最初的"两弹一星"到如今的深空、深海、深地等领域全面开花。但也要看到，近年来我国受到来自以美国为首的西方世界的科技制裁，一批高校科研机构被列入实体清单，"卡脖子"频频事件发生，充分说明我国基础研究领域还存在短板。随着我国进入新时代，在构建新发展格局的背景下，高校、科研机构在基础研究、原始创新、战略前沿等方面将发挥更加重要的作用。

中介服务机构是沟通知识流动、联结技术创新供求双方的桥梁与纽带，是实现创新要素互动的重要媒介，同时是有效联系政府机构和公司企业的行动者，可以有效屏蔽政策和执行过程中的障碍，各国都把这种中介机构的建设视作政府推动知识和技术扩散的重要途径。从目前中介服务活动来看，主要可分为三类：一类是对科技成果做进一步修改和完善的工程化、中试和设计等方面的服务，如工程技术中心、技术开发中心等；一类是为解决创新过程中的各类问题提供信息和解决办法的各种咨询服务，如生产力促进中心、创新咨询公司等；另一类是为创新活动提供场所、设备等硬件的服务，如高科技园区、创新中心、孵化器等。

（二）创新体系的环境要素

创新作为一种社会活动总是在一定的社会环境中进行并受现实社会环境制约。综观世界范围内的创新热潮可以发现，一些国家依靠技术创新实现崛起，比如老牌发达国家和日本、韩国等几个新兴国家和地区，但也有些国家创新发展不顺，原因可能在于社会环境没有为创新成功提供有效条件（叶明，1991），比如拉美国家历史上就缺少重视科学技术创新发展的社会氛围，在快速工业化时期没有同时开展创新体系建设，以"华盛顿共识"为特征的新自由主义改革进一步使拉美国家创新体系建设陷入瘫痪（王晓蓉，2006）。由此，创新体系构建、运行、发展同样离不开特定的环境，即环境成为构成创新体系的一类要素。

学界对于环境要素的具体内容并没有给出统一认识，不同研究视角得出不同的结论。有学者（牛盼强等，2011）从制度视角出发，认为环境要素包括了经济、文化、组织等一系列制度。李虹（2004）认为环境要素主要包括体制、基础设施、社会文化心理和保障条件等。也有学者（许婷婷、吴和成，2002）认为环境要素包括硬环境和软环境两类，硬环境包括交通、通信和信息网络等；软环境则包括制度、政策法规、学习氛围以及鼓励创新、尝试的社会文化环境。虽然这些研究关于环境要素具体内容的关注点不同，但有两类核心内容都会提及，一类是制度政策环境，主要包括区域创新战略、与创新相关的制度框架（如知识产权制度、科技评价制度、政府补贴政策等）、政府的参与与调控方式、技术市场等，这些要素主要通过相关法律法规和科技计划等形式作用于创新组织要素，是调控创新活动的主要手段和工具；还有一类是社会文化环境，包括价值观、生活方式、文化传统、风俗习惯等（李淑萍，2020），牛盼强（2016）曾以上海举例，认为上海创新体系的良性发展得益于海派文化中具有的开放、灵活、包容等特质。

（三）创新体系的条件资源要素

一般来讲，创新体系的多样性特点决定了其类型、模式不是唯一的，每个国家或地区因具有不同的资源禀赋、产业结构、科研能力、科技优势而形成不同类型的创新体系（孙艳珲、陆剑宝，2006）。比如张斌等（2004）根据经济、科技两个指标将区域创新体系分为价值网络型、企业主导型、高校主导型、政府主导型四类模式。涂成林（2007）则在借鉴分析国外不同类型创新体系基础上对国内创新体系归纳出几种典型模式：北京的知识创新主导型创新模式、上海的全面综合协调型创新模式、深圳的企业主体主导型创新模式，以及苏州的政府推动主导型创新模式。谢庆红、黄莹（2010）对国内外有关创新体系模式研究进行梳理认为，总体上创新体系模式可归为两类，一类是从组织要素结构视角将创新体系模式分为研究开发主导型模式、企业（产业）主导型模式、研发—企业（产业）互动型模式和投资主导型模式；另一类则基于创新资源配置机制维度将创新体系分为市场主导型模式、政府主导型模式、政府与市场共推型模式。由此可以认为创新体系的形成是建立在一定的基础条件资源之上的。

所谓条件资源要素包括创新体系构建时所面对的人力、物力、财力等各类资源，产业结构、知识基础、各类设施性基础条件等基础条件，以及创新主体赖以进行创新投入、研发和生产的客观物质条件与活动平台的硬件条件，如创业园区与公共服务平台的建设，以及区域园区的各种物质条件的配备和提供等。由于条件资源要素丰富性，其如何对创新体系构建和模式选择产生影响的作用机理难以简单武断概括，但基于实践经验可以提供一些直观认识。比如资金资源丰富可以有利于科技成果产业化的实现，且一个地区的投融资能力也直接关系到能否吸引到优秀人才、拥有先进技术设备、充足的原材料，进而能否生产出创新产品（马云泽，2014）。北京之所以选择知识创新主导型创新体系模式就在于北京拥有丰富的创新资源，且主要集中在知识创新和原始创新上（涂成林，2007）。比如北京拥有全国近四分之一的高校、三分之一的国家重点实验室、50%以上的中国科学院士、全国近一半的独角兽企业，拥有全球近40%的AI企业，是全球十大科技创新中心之一。因此，这些为北京构建原始创新主导型创新体系提供了有利的资源条件要素和基础。

三、国外创新体系典型模式

鉴于新古典经济理论对创新在经济发展中的作用难以给以充分解释，一批以弗里曼、伦德瓦尔、纳尔逊为代表的学者致力于深度研究创新经济的影响并于20世纪80年代末、90年代初提出创新体系概念（Sharif，2006）。随着研究边界不断扩大，研究程度日益深入，国家创新体系已涵盖国家创新过程中所有重要的经济、社会、政治、组织、制度以及其他影响创新的开发、扩散和使用的因素（Fagerberg，2005）。伴随理论研究的深入推进，国家创新体系概念日渐被国家政策制定者广泛采用，世界各国特别是发达国家纷纷争相把国家创新体系的建立作为提升其国际竞争力的国家战略。由于各国在政治、经济、科技、教育、文化及参与创新的核心要素之间存在着差异，各国在推进区域创新的方式和重点上形成了各具不同的特色，进而形成了创新体系的不同模式。

（一）美国的市场拉动型创新体系

作为发达的市场经济国家，美国具有完善的市场经济体制，因此，美国国家创新体系的典型特征就是完全以市场为主导。在市场机制作用下，创新体系中的各创新主体分工清晰，角色明确，各类创新资源配置合理，配套功能完善，创新链中的各个主体在各个不同环节进行各自分工明确的自主创新。在国家创新体系中政府只发挥辅助、协调、监管和裁判的间接作用，不直接参与市场的任何运作，其中美国的硅谷地区是这一区域创新模式的成功典范。

硅谷的成功是美国政府的扶持和引导，并按市场规律运作的结果。硅谷知识、技术和人才的密集度居美国和全球之首，其拥有众多世界一流大学、研发机构和实验室。硅谷的创新网络系统，由包括创新机构、创新基础设施、创新资源、创新环境在内的四个相互作用、相互协调和相互联络的要素有机组合而成。每一个要素又各自包含不同的内容和对象，其中创新机构主要包括企业、高校、科研院所、孵化器及其他中介服务机构，政府功能在创新机构中的作用仅体现为辅助和监管。创新基础设施包括各类公共基础设施、知识和信息网络（信息高速公路）、图书馆等基本条件。创新资源指知识、信息、技术、专利、资金和人才等。创新环境是政策与法规、管理体制、市场与服务的统称，是维系与促进区域创新的外部保障因素。正是以上四大要素的存在与积极作用，推动了硅谷区域创新体系的发展和完善。

美国拥有全球最完善的资本市场，拥有主板市场、NASDAQ市场、二板市场和地方性证券市场四个层次。其中，以高科技公司为主的NASDAQ市场，其以技术性、成长性为导向的投资理念，为美国硅谷初创型创业公司获得融资和快速成长提供了有利条件和途径，同时也为美国的风险投资者提供了良好的获利退出通道。近年来，美国资本市场促进了大批高科技企业成长发展，尤其是互联网企业的成长和发展，苹果、英特尔、微软、雅虎、Facebook，Uber等一些世界知名和高市值的科技型公司最初都是借助其发展起来的，近年来也吸引了大批中国互联网企业赴美上市。

硅谷风险投资的形成与发展，离不开美国政府的扶植和引导，但市场机制的作用也十分重要。美国政府对风险投资的支持，首先体现在税收优惠方面。从硅谷的成功和美国政府在资本市场的做法可以发现，完善的市场体系决定了美国区域创新体系的成功，它优化了各类经济资源和社会资源的配置，成为推动美国区域科技创新和经济发展的主要动力，也可总结为一种"美国特色"。

（二）日本的研发推动型创新体系

尽管日本实行以私有制和自由竞争为基础的资本主义市场经济，但一方面作为东亚国家在文化传统上受到儒家思想的影响，另一方面依然保留着二战期间形成的"战时统制经济"及其变形的痕迹（刘助仁，2006），日本整体上在社会、政治、经济等领域发展兼容东西方特色。因此，市场和政府双主体共同发挥作用体现在经济等多个行为领域。鉴于此，日本在建立国家创新体系的过程中也充分利用政府政策和市场调节双重导向的机制来对各类资源进行有效配置。由于将"科学技术创造立国"作为基本国策，日本创新体系构建尤为注重科学研究，特别是基础研究和基础技术开发（周艳、赵黎明，2020）。比如充分发挥国立研究机构、国立大学的创新作用，并于21世纪初对政府部门所属近百所科研院所改组为独立行政法人，使其在科学研究的自主权得到极大增强（刘助仁，2006）。除此之外，日本不断加大科研经费投入，不论是投入规模还是投入强度都居世界前列。2018年，日本研发投入占全球研发总投入8%，位列全球第三，研发投入强度达到3.2%左右，位列全球前三。[①]特别是对基础研究尤为重视，用于基础研究经费占比超过10%以上。稳定的科研经费投入和完善的科研管理体制极大激励了科研人员的创新热情，根据21世纪初日本政府提出的"未来50年力争实现30个诺贝尔奖"计划来看，截至2019年已有19人次获得诺贝尔奖，是欧美之后获奖人数最多的国家。除此之外，日本研发推动型创新体系还体现在企业的创新活力。二战以后，日本先后实施了贸易立国、和"科技技术创造立国战略"，企业在每一阶段科技创新中都发挥着创新主体作用（王溯等，2021）。"贸易立国战略"时期，日本实施技术引进到本土化改造，企业是外国工业技术引进的主体，从直接购买设备到设立研究机构，促进引进技术本土化改造。"技术立

---

①原帅、何洁、贺飞，世界主要国家近十年科技研发投入产出对他分析[J]，科技导报，2020，38（19）

国战略"时期，日本企业开始进军高精尖技术，并将传统技术与引进技术进行综合、改造，形成一个广泛的技术体系，并用这些技术体系改造出一个新的产业，在短期内促进技术体系的普遍升级，达到技术聚变的结果。例如，自20世纪70年代以来在机电一体化方面处于全球领先地位的日本Fance公司，早在20世纪50年代便致力于聚变电子、机械和材料等技术研究，开发了计算机数控机床、微型工业机器人（涂成林，2005）。"科技技术创造立国战略"时期，企业更加深度嵌入"产学官"合作网络，在政府鼓励下加强与大学、国立研究机构的合作，加快研究成果转移转化。

（三）韩国的政府主导型创新体系

韩国在实现赶超过程中坚持以创新韩国采取的是典型的政府主导型的国家创新体系模式，主要体现在如下几个方面。

1. 以政府为主导发展官产学研协同系统

韩国各级政府鼓励吸引外资和引进技术来发展高新技术产业。通过官产学研协同技术开发行为，提高企业技术研发的水平和效率，这使韩国的区域创新体系突飞猛进，取得了令世界瞩目的业绩。早在20世纪90年代，随着《韩国合作研究开发振兴法》的颁布实施就开启了产、学、研紧密合作之旅。为了进一步推进产学研紧密结合，韩国政府又陆续制定了一系列法律及优惠政策，比如2012年制定了《国际科学商务带基本计划（2012－2017）》，旨在建成世界级的基础研究活动，建立基础研究与商务相融合的机制（张丽娟、石超英，2014）。目前，韩国产学研合作的形式有共同研究、技术指导、技术培训、科研器材的共同使用、关键技术信息服务、专利使用等。而产学研合作研究的类型包括有：建设以大学为中心的官产学研合作研究园区，指定和设立科学研究中心、工程研究中心和地区合作研究中心，在首尔、浦项等代表性大学建立地区合作开发支援团，加速地方的高新技术产业化。

2. 韩国政府在创新要素供给中发挥着主导作用

韩国政府重视知识与技能的提供，不仅增加教育投资，并且实施一系列人才培养计划（翟青，2017），比如顶尖科学家资助计划培养了一批世界水平的科技领军才和科学家，产业技术创新计划则为了满足不断增长的高级产业技术人才和熟练工人需求而实施，从而加强以战略性产业和基础性产业为中心的人才培养及供应（贾国伟、彭雪婷，2019）。除此之外，韩国尤为重视吸引海外人才回流，韩国政府制定了"企业聘用海外科学技术人才制度"，规定从事新材料、电子电机、信息通讯、航天航空及生物科学等研究开发的企业，可以引进外国科研人才并给予一定的支援。并通过建立海外专家协会、人才数据库、建立研究院、各类灵活人才计划、国际合作等一系列措施招揽海外韩裔优秀人才。

（四）印度的行业扩散型创新模式

印度的国家创新体系有着鲜明的特定行业痕迹，可以说创新体系的发展是围绕软件产业而进行的。20世纪80年代，随着计算机在工业界的广泛应用，印度逐渐意识到电子技术对于现代化进程的重要性，以及印度发展相关产业所具有的比较优势。基于此，印度制定了计算机软件产业规划并出台了一系列促进电子产业的政策。总的来看，印度软件产业发展大致经历了四个阶段[1]：第一阶段是1984年以前，彼时软件产业开始缓慢起步；第二阶段是1984-1990年，产业规划、相关促进政策密集出台，软件企业开始成长并逐步形成产业，快速发展；第三阶段是1990-1999年，这个阶段是印度软件产业飞速发展的阶段，此时的印度已经成为全球第二大软件供应服务商；第四阶段是2000年至今，这一阶段印度软件产业稳步发展，但受欧美需求萎缩及金融危机影响，产业发展出现趋缓势头。据印度通信部数据显示，印度当前软件业价值占全球软件业价值4 110亿美元的1/3以上。目前，印度是全球最大的业务流程管理（BPM）基地，是承接离岸服务外包规模最大的国家。2017财年，印度服务外包大约占世界外包市场1730亿至1780亿美元的55%，在提供信息技术（IT）服务方面的竞争力突出，成本约比美国便宜3至4倍。根据印度国家软件与服务企业协会（NASSCOM）的数据显示，2017财年，印度软件总收

---

①王健，印度软件产业发展现状分析，中国经济网，2014-03-26，http：//intl.ce.cn/specials/zxgjzh/201403/26/t20140326_2555250.shtml

入达到298亿美元，以超过8%的年复合增长率增长，在软件出口方面的就业人数达120万人，BPM软件服务外包占全球外包市场的37%。[1]软件出口额占全球市场份额的20%，世界500强的跨国公司中，有203家向印度的公司订购它们的软件。这一骄人的成果，得益于印度采取的以软件业为重点突破口的区域创新体系（涂成林，2005）。

首先，出台系列有利于软件产业发展政策措施。从印度总理拉吉夫·甘地首次提出全面发展计算机产业开始，历任政府都积极推进软件产业的发展，围绕经费、税收、人才等方面出台了一系列相关政策措施。比如《计算机软件出口、开发和培训政策》的实施使发展初期的印度软件产业出口额不断翻倍；通过免除出口税和免除5年销售税以及建造通信卫星网络等措施使得软件产业迅猛发展。

其次，培养软件专业人才资源。计算机软件属于人才密集型产业，早在20世纪80年代初，印度就向美国派出相当数量工程技术人员系统学习软件技术。为了培养更多软件人才，印度逐步建立起多层次、多形式软件教育培养体系。一方面加大对高校经费投入，广收最优秀学生并重金聘请世界知名学者上课，每年通过遍布全印度的1 832所大学培养出近68万名软件技术人员（涂成林，2005）；另一方面鼓励私人资本投资信息技术教育业，同时提倡企业内部设立自己的信息技术培训机构。

最后，搭建平台推进软件产业空间聚集。印度在大力发展软件产业过程中非常注重产业平台作用并在印度著名科技中心班加罗尔建立了全国第一个计算机软件园区。为了扶持这个重点产业，印度政府进行了大量的系统的制度创新。当地政府不遗余力地为发展IT业提供完善的水、电、数据通信等各类基础设施，为软件研制人员和企业提供可与任何发达国家相比的一流工作环境和生活环境。将更多优惠政策向软件园区内企业倾斜，放宽外资软件企业进入印度的壁垒，外方控股可达75%～100%，这使班加罗尔成为世界企业界的进军目标。除此之外，印度还着力打造开放健康的科研环境。其开放性

---

[1]杜振华.印度软件与信息服务业的数字化转型及创新[J].《全球化》，2018（06）。

体现在印度政府花巨资建立了一批重点试验室，包括与国防工业有关的试验室，其都最大限度地向民间开放；其健康性体现在印度有比较完善的知识产权保护体系，政府通过制定法律法规，组建行业协会，严格规范各企业的市场行为，打击欺行霸市、市场欺诈、侵犯知识产权等不当竞争行为，在不利于信息技术产业发展的问题上获得很强的规避能力（蓝庆新，2004），使软件产业沿着良性的轨道发展。印度作为一个发展中国家，在知识产权保护上与国际接轨，并坚持不懈地加以落实，从而为本国的软件产业的发展提供了一个好的平台和背景。

第三节　创新体系空间特征与类型

一、创新体系的空间特征

工业革命以来，特别是人类社会进入现代经济时代，经济活动地理空间中的集聚现象逐渐被经济学家们发现，而且这种集聚可以在不同层面上出现。新经济地理学、空间经济学作为描述经济空间集聚的有效学科领域被学界所关注并日渐融入主流经济学。新古典经济学的规模收益固定不变或递减的经典假设难以解释经济空间集聚现象，因此空间经济学研究利用卢卡斯（Lucas）、罗默（Romer）新经济增长理论核心观点，即基于外部性视野下的知识创新属于收益递增，将其用于分析经济活动集聚现象。如此，创新就具有了一个影响经济增长与技术变革的空间维度。

（一）创新中心——增长极

1. 增长极出现的理论解释

纵观人类历史，特别是近代以来，创造性活动时常在特定地点、特点时期发生，比如欧洲文艺复兴运动发祥地的佛罗伦萨、工业革命时期的英国。随着创新活动空间集聚现象的密集发生，很多学者开始对此进行观察和描述。从全球层面来看，创新活动分布高度集聚在美国、中国、欧盟、日本四个国家或地区，早在2011年，四大经济体的研发经费投入占到全球的75%；2020年，仅中美两国研发规模就占到全球的50%以上，中国正成为世界创新中心之一。从区域内部来看，也存在着创新活动的高度集聚现象，比如美国的研发活动、风险投资和专利产出主要集聚在五大湖区、加州湾区和加州南部地区，欧洲创新主要集中在德国西部、法国东部、英国东南部等少数地区（孙瑜康等，2017）。这些经验事实说明创新首先在物理空间上具有集聚特性，一般表现为从创新中心或生产力促进中心开始，即创新领域的增长极开始。

根据经济学家佩鲁的研究结论，经济区位内不对称的增长集概括为"极"。进一步，所谓创新增长极是指在一定的物理空间地理位置上，创新主体围绕某一领域细分市场在该区域空间内聚集的一组产业综合体，该增长极能够通过其中具有推动性的主导产业和创新产业带动一批上下游市场，形成具有地理空间上集聚的产业链、创新链（顾新，2001）。一般来说，增长极具有支配性可以形成一定范围的经济空间，且这种支配性对周围地区产生支配作用，或通过持续不断地创新，包括管理创新、技术创新和制度创新，对产业链中的其他主体施加影响，促使区域内多个主体发生相应的变化。而区域创新发展的不平衡过程往往是增长极极化效应和溢出的现实表现。

2. 创新推动增长极形成的过程及作用机制

创新推动增长极形成的作用过程大致如下。首先，技术创新可以让区域内具有领导地位的企业提升产品竞争力，产品创新可以提升企业产出增长率，产品竞争力的提升最终会提高企业投入产出效率，获得平均利润和超额利润，这样容易引起本地其他跟随性企业的学习和模仿。其次，创新行为的作用不仅体现在技术和管理的变革，同时会影响区域原有的社会价值观、组织结构、社区文化和已有行为方式，这种转变的积累会让后续持续创新朝着更易变革的方向转变，并为下一次的变革创新打下坚实的基础。最后，创新可以改变原有社会群体的思想意识，强化创新进取意识，同时推动创新主体为改变在增长级中心的比较劣势而努力提高自身素质。所以，从创新主体的维度来看，创新活动对企业组织架构的变革、管理体制的转变、业务流程的优化、员工素质的提升及企业利润的增长都有深刻的影响，并使得暂时落后的企业可以围绕增长极进行二次创新和转型，使企业间的空间联系变得日益紧密，企业的创新空间集群变为现实。

因此，创新推动增长极形成的作用机制主要表现为：第一，创新集聚利于知识溢出，虽然现代网络发展使信息流动更便利，但在具体区域中，一些包括隐性知识、惯例、交流传统等非正式交流仍然需要面对面交流才可实现知识扩散，而这些非正式交流是形成某个区域创新潜力的重要资产。第二，知识外部性有效增加，集聚水平越高越可有效增加知识外部性，引致企业不仅可有效降低研发支出成本，还会提高创新水平。第三，较高程度的服务共享，创新集群规模的扩大使得创新分工不断细化，形成更多可被集群内部成员共享的专业化创新服务，激励集群内企业不断开展创新。

（二）创新梯度与创新梯度推移

由于创新资源禀赋、创新能力和创新产出等存在差异性使得创新活动在空间上存在明显的梯度变化，即创新程度存在梯度阶差，有创新梯度高低之分，这就是创新梯度。比如长三角地区，江苏、浙江、上海掌握着整个地区主要的创新资源，而相比之下安徽创新资源薄弱，使得整个区域存在着创新梯度。从创新经济学理论来讲，在创新梯度高的区域或部门，一般由研发中心或创新中心等成长型部门所组成，这些部门往往在技术、资金或人才等方面积聚了最为活跃的创新资源，而且积聚的各种资源其创新能力较强，各资源要素间相互作用大，因而系统的创新能力强，创新产出效率高（顾新，2001）。在创新梯度低的区域或部门，其研发或创新中心能力较弱，一般属于企业发展的成熟后期或衰退阶段，这种创新体系的要素聚集能力差，而且创新体系内各主体的创新能力弱，彼此之间相互联系和相互作用的可能性降低，进而使得整体创新体系的创新能力与创新效率都很低。一般而言，区域经济实力的强弱主要由区域的产业结构所决定，而创新资源的投入数量和投入程度直接影响了产业结构的升级与调整。因此，一般经济较发达的地区或区域，其创新梯度就高，而经济较落后的地区或区域，其创新梯度就低。

根据梯度理论和创新理论可知，由于创新梯度存在势差且存在知识外溢现象，所以创新资源或要素有从创新梯度高的主体向创新梯度低的主体扩散与转移的趋势，形成所谓的创新梯度推移。有学者（李国平、赵永超，

2007）对梯度理论在国内外发展情况进行了学术史梳理，认为梯度理论经历了传统梯度理论、反梯度理论、广义梯度理论等不同阶段的演变过程，并从理论与实践维度对不同理论的适用性与不足进行深度剖析，对梯度理论的未来发展趋势进行了展望。总的来看，由于非均衡空间运动的普遍存在，以及梯度差所致势能变化的必然性，创新梯度推移成为现实。一般来讲，高梯度的地区或区域其创新活动相对更为活跃，随着经济发展和技术的演进，在区域创新体系中，高梯度的区域会持续产生活跃的创新部门，而低创新梯度的地区或部门会接受和消化来自高梯度部门的资源转移。但经济发展实践的多样性使得传统梯度理论无法提供有效解释，比如一些相对落后的地区在具备适当条件下可以实现反梯度甚至跨梯度推移。据此，创新梯度推移可分为就近推移、跳跃推移和反梯度推移三种形式（顾新，2001）。按照就近最省力原则，创新梯度推移中的就近推移会选择在空间上距离最短的对象进行创新资源转移，由活跃的发源地向邻近区域进行创新资源转移。创新大多来自区域集聚的中心地带，当企业处于卖方市场环境下，而其产品或服务无法满足用户的巨大需求时，临近区域的相关企业就可以与创新源头企业通过协作来进行弥补。跳跃推移是指创新按照梯度递减，从梯度较高的发源地，跳跃式地向周边梯度较低地区扩散的过程，一般只有处于较低或第二梯度的区域才有能力消化和吸收来自第一梯度的创新资源，按照资源递减的规律，创新资源还会从第二梯度向更低层次转移。反梯度推移是指经济或技术相对落后的低梯度区域，可通过直接引进原创技术或经验，实现跨越式创新发展，通过后发优势反向对高梯度地区进行反梯度资源推移，如我国在整体科研和技术实力上要落后于美国，但在航空航天等领域，我国通过与俄罗斯的战略合作，在该领域实现了跨越式发展，反而在某些尖端领域超越了俄罗斯或美国。

上述对创新梯度理论释义以及创新梯度推移不同形式的论述，说明了创新高梯度与创新低梯度之间存在着一定发展演变关系，既有创新活动由高创新梯度区域向低创新梯度区域溢出的空间推移过程，同时也存在低梯度区域向高梯度的区域的反向或跨越变化。这些不同演变形式反映了区域创新体系由低级向高级演变的规律。

（三）创新域——核心区与边缘区

社会的发展和进步离不开创新，而持续不断、长期累积的创新是推动产业转型升级、获得企业竞争优势的重要因素。从国内外已有的实践来看，技术的进步主要来源于区域内影响力最大的"创新中心"的推动，大多创新体系最初都是通过这些"创新中心"向周边创新潜力较小区域的扩散而获得发展。这就形成了一个完整的创新域，其包括核心区与边缘区。

"核心—边缘"理论是美国著名规划大师约翰·弗里德曼（John Friedmann）于20世纪60年代提出，他利用熊彼特创新思想并结合空间理论引致提出创新领域的"核心—边缘"结构理论。这一理论认为区域创新发展实质就是一种由核心创新——通过不连续累积逐渐形成规模庞大创新系统的过程，即创新系统是由核心区与外围区共同组成完整的空间系统。其中的核心区作为创新系统的子系统具有较高创新变革能力和支配地位，而外围区作为创新大系统中的子系统依附于核心区并由核心区决定其发展。由此，创新变革的区域可以分为"核心区"（core regions）和"边缘区"（peripheral regions），二者共同构成一个完整创新体系，缺一不可。核心区在创新体系中是创新活动最为活跃的部分，是区域创新发展的源头，在区域内相对权威和具有影响力，能够对周边非核心区域施加影响。核心区和边缘区在本地经济、技术的发展过程中也存在不平衡的现象，二者处于矛盾统一过程中，因为核心区可能会在发展过程中与边缘区的经济距离进一步被拉大，导致与边缘区在依附、支配之间的关系变得更为微妙。

具体而言，核心区与边缘区之间所呈现的支配与依附、自我强化与扩散的相互作用推进创新体系的运行发展。

第一，核心区可以通过行政管理、市场管理来发挥对边缘区的支配影响，主要原因在于核心区有可能成为区域内的决策权力中心，并通过行政管理权力对其边缘区实施管理。

第二，创新体系不同于传统企业之处在于，创新主体并不是传统企业内部各要素的整合，体系内没有严格的企业或组织管理制度或体系，大多还是一种较为松散的组织形式。需要注意的是，可能会有多个核心区、边缘区同时存在于一个创新体系内，而不同的核心区或边缘区可以根据其在创新体系内所表现的不同职能而加以区分。在创新能力上大致处于同一等级水平的两个核心区或边缘区之间，往往会存在强关系或较为均衡的相互作用，而核心区与边缘区之间的相互作用会较弱（顾亲，2001）。

第三，核心区在发展的过程中，会不断强化其竞争优势地位，这会推动区域创新体系的发展，但核心区的这种自我强化有可能使体系功能失调。若要规避强者恒强、弱者更弱的两极分化现象，只有通过不断增强核心区对边缘区的扩散效应，与此同时减弱边缘区对核心区的依附性这一过程来实现。

第四，创新体系内的核心区在势差作用下可依一定层次、步骤向边缘区扩散创新资源和创新成果。由于创新资源存在势差，核心区会聚集更多优质创新资源，这些资源倾向于从势差高的核心区向创新体系内的低级核心区转移，或向体系内同一层次的核心区转移。在这一转移过程中，创新资源的转移效率不仅和资源提供方有密切关系，同时还和接受该创新资源客体的层次、文化水平和发展程度息息相关，往往是易于成功的创新区域，二者在各要素方面具有较高的相似度。

第五，随着信息技术的广泛应用，创新信息资源的转移和交流日益增加，创新可超越特定区域空间体系的限制，在区域空间上得到拓展。通过核心区的不断拓展和延伸，边缘区的能力也逐步得到增强，导致新的核心区在边缘区出现。这种核心区带动边缘区提升的现象，通常表现为整体区域创新能力的提高。例如，经济落后的区域可以弥补原有核心区受限制没有发展起来的领域或行业。随着核心区的不断扩展和边缘区功能的提升，区域创新主体的活动空间范围逐步扩大，区域创新体系实现了空间推移和拓展（江兵等，2005）。

所谓创新扩散是用于描述创新资源或成果如何在社会、经济和生产活动等系统中传播扩散的过程。20世纪五六十年代，美国学者罗杰斯等人提出创新扩散模式。一般来讲，创新扩散的速度、方向会受到经济、社会、文化等诸多因素影响。首先，异质性社会群体认知下的创新扩散差异性。在经济发展过程中，不同社会群体对创新可能带来的变革会有不一样的预期，从而使得创新扩散存在差异。原因在于创新从本质上来讲就是资源的重新配置，创新的实施必然会导致既有利益的重新调整和分配，由于可能产生的结果会让部分既得利益集团或个人受损，因此其会采取某些行动延迟或阻挠创新的实施。因此，创新的成功与否及其扩散速度、扩散方向都将会受制于不同利益集团的价值评判及力量对比。其次，市场结构和经济发展阶段不同，企业等市场主体对创新的需求程度也不同，进而推动创新的积极性也有差异。从市场结构来看，当市场结构属于完全竞争状态，企业为了应对激烈市场竞争、争夺市场份额，常常有更大动力对产品、技术、服务、经营模式等进行创新改进；而当市场结构属于不完全竞争，特别是存在垄断的市场结构时，处于垄断地位的企业完全可以依靠垄断获取超额利润，相应的对创新活动缺少激励。从经济发展阶段来看，当经济体处于工业化初期，由于农业占比较高且生产现代化程度不高，生产方式相对固化，社会生产效率整体不高，人员知识水平普遍偏低，创新资源缺乏，创新不易发生，即使在部分领域或环节出现创新，但由于受落后思维方式的限制，创新的接受程度低，创新扩散所需的时间周期长。而当经济体处于工业化快速发展阶段，特别是工业化后期，此时市场需求多样化、产业供给规模定制化，产品的设计、生产和销售方式也不断变化，创新主体之间的联系较为密切，创新更为频繁发生。最后，不同创新主体由于其所处的环境迥异及受长期历史发展中形成的独特地域文化的影响，各个不同的创新主体间会形成不同的"企业创新文化"，且各自对创新的接受程度也不一样。例如，日本在第二次世界大战结束后通过短短几十年的时间，国力迅速恢复和崛起，除受惠于日本战前就已普及的四年及六年制义务教育所形成的良好教育氛围外，还归功于其善于立足自身实际，提出"科技立国"，采用"拿来主义"，充分借鉴、引进西方先进技术和管理经验，并结合一以贯之的总体战规制经济思想的影响，对各种外部资源进行消化、吸收、改良和创新，使之为己所用。在现代企业管理制度方面，日本企业治理没有完全照搬西方的现代企业管理制度，而是结合东西方文化的特点，采取"家长式"的管理方法，在一定程度上获取成功，但也带来很多负面影响。同时，创新主体规模不同，创新能力也不同，企业联系紧密程度也影响创新的扩散速度。

二、创新体系的类型研究

创新是一个复杂的社会经济现象，但一般来说，创新首先源于一定的自然、地理空间，并与此空间的人文、社会、经济和技术等多因素密切相关。信息和知识的产生、存储、传播和利用首先是在一定的空间区域内完成的，即地理空间因素对于知识的生产和利用起着重要的影响。创新不是单个人或单个企业独立完成的，而是企业与其他个人、企业或机构之间相互协作、共同影响的结果。一个区域内，由于地理上的接近，长期演化形成的特定制度环境（包括文化、风俗、习惯、行为规范等非正式制度和特定的法律、政策等正式制度）会激励和促进这种合作和相互影响的过程。有研究表明，无论是显性科学知识，还是隐性经验知识，要想产生最好的交流效果，就必须在一定的空间区域或范围内，通过人与人之间的直接交流得以实现（Asheim & Coenen，2005）。因此，在创新中地理空间的边界具有重要的作用。然而，值得人们注意的是，在全球化日益加深的同时，世界经济发展也呈现出强烈的区域化特征，创新系统理论的运用不仅要关注国家层次的创新系统，而且还必须要关注跨国家创新系统的问题。尽管国家层次的研究具有突出的重要性，但并不意味着这一层次是创新体系理论应用的唯一对象，跨国家界限及国家界限内的区域都是创新体系的研究对象。

（一）跨国家创新体系

二战以后，特别是自20世纪80年代以来，经济全球化和一体化迅猛发展。在此背景下，跨国公司日益成为全球范围内的生产、技术、资本流动的组织者和主要参与者。为了增强竞争力，跨国公司在全球范围内配置资源，包括科技创新资源，从而加快了科技传播速度。在某种意义上，国家之间的边界似乎趋向模糊。从创新体系角度来看，在全球化下，各类创新主体跨国互动日益频繁，各国都在国际交流互动中学习借鉴他国创新制度，信息化、网络化、开放的大环境也促进了创新资源的全球流动，创新体系的国际化也在不断深化发展。特别是跨国公司正在全球部署它们的创新资源，其创新模式是在跨国界的范围内完成的，如设计在美国、研发在欧洲、生产在中国、销售在全球，这种模式被称为"全球创新体系"。因此，我们认为全球化环境下的国家创新系统，跨国家创新体系或国际创新体系可能不失为一种更好的方式或形式。在该领域的研究中表现比较活跃的是OECD。20世纪90年代末，OECD在全球部分成员国内，开展了大规模的有关国家创新体系的调查和研究，并发表了一系列报告和研究成果，提出国家之间创新系统交流的主要因素来自"国家间的知识流动"，国家之间知识的流动可以带来技术、管理等多方面的创新。目前为止，国际上比较成功的跨国家创新体系实例就是欧盟创新体系，这是伴随欧盟一体化而出现的。之所以在欧盟能出现跨国创新体系是有着历史和现实原因的。欧洲文明在历史上具有深厚的同源性和同一性，但各国之间又存在着差异和不同的利益，这就决定了欧洲各国之间更多是趋向于合作和共赢。欧洲各国有着地理上的比邻、交往上的便利，且占尽近代科学技术兴起和产业革命发生之先机，尤其第二次世界大战以后，大多欧洲国家，如英、法、德等在各自发展的过程中，面临来自两个方面的压力，一个是美国作为全球超级大国的"控制"，另一个是亚洲国家日本经济的崛起。如此等等，促进了欧洲多个国家要建立一体化联盟的共识和行动，欧盟这一跨国家的创新体系也就应运而生了。另外，一些自由贸易区，如以美国、加拿大、墨西哥等国组成的北美自由贸易区，以中国、泰国、马来西亚等国组成的中国-东盟自由贸易区等也在逐渐发展成为区域性的跨国家创新体系。

（二）国家创新体系

创新体系的研究最早是从国家这一层面上开始的，后来才扩展到其他维度。原因在于虽然全球化深化似乎模糊了国家边界，但国家作为"竞争单元"的属性没有根本改变。随着弗里曼提出国家创新体系这一概念之后，国家创新体系自然也成为人们从理论和政策方面进行研究的主要聚焦点。各国创新经济领域的研究者们和政府都纷纷对其开展深入研究，完善其研究内涵、理论架构、方法工具、政策应用。因此，国家创新体系属于创新经济中主要的研究对象。一般而言，由于各个国家的区位优势、资源条件、历史因素及消费需求的差异，会造成不同国家产业比较优势的不同，导致各个国家的创新战略与重点的不同。另外，不同国家的社会政治制度和治理水平的不同，促使创新的制度体系也不同，进而创新体系的特点也不同。即使是西方欧美发达国家有相同的体制，但国家之间的差别也较大，以最典型的美国和日本为例分别进行分析。

虽然20世纪80年代国家创新体系这一范畴才正式进入人们的视野，但从实践来看，美国为赶超英国并最终成为世界创新强国，更早就开始构建国家创新体系。总体来看，美国国家创新体系有如下几点特征：第一，高校科研机构等创新主体在国家创新体系中居于重要地位，对基础研究尤为重视。美国政府对基础研究的重视和美国独特的高等教育体制，使得美国的大学和科研机构在基础研究领域成为一流科学技术成果不断涌现的摇篮。第二，完善的市场经济和法律体制。美国政府并不直接干预企业的运营和管理，企业是创新的主体。政府主要扮演"裁判员"的角色，并主要通过对知识产权的保护和对一定的市场竞争进行法律保护。第三，完备的金融市场。美国是世界上风险资本注入最多的国家，也是科技型创业公司发展最多最好的国家，如微软、苹果、Facebook.Google等。第四，推进产学研合作。美国大学不仅在基础科学研究领域独树一帜，其科研成果的转换和创新在全球也处于领先地位，特别是科技公司聚集的硅谷及其周边就是众多美国顶尖大学的聚集地。

日本作为从第二次世界大战废墟上迅速发展起来的国家，其创新能力和体系对推动日本经济的快速增长起到了重大推动作用，主要原因在于日本在一定程度上借鉴了西方欧美的先进经验和体系，但同时又与欧美有较大的差异。首先，政府在国家创新体系中发挥主导作用。二战后，为了快速从战败、经济衰退的泥沼中走出来，日本政府充当桥梁，通过引进、消化吸收再创新的模式实现了技术进步和经济腾飞，尤其是日本通产省在引进西方先进技术、促进企业创新中起到重要的引导作用。其次，鼓励支持企业强化创新能力和水平。20世纪末，日本企业主要通过产业科学过对外贸易组织（Japan external trade organization）的产业科学和技术机构（agency of industry science and technology）来获取、引进并利用国外新技术（罗雪英、蔡雪雄，2021）。日本企业比较重视研发的作用，尤其是在引进技术基础上的消化、吸收和创新方面，强调以生产线为研究实验室，进行大量的渐进式创新。其中，工程师与生产一线的工人、营销人员密切合作，形成了日本独特的创新生态。最后，科技技术体制变革。早20上世纪40年代开始，日本就开始全面完善科学技术研究机构，创立并完善科研费制度、研究生制度以及高等理工科院校。与此同时，日本尤为重视各类人力资源，如日本企业非常强调教育和培训的重要作用，强调终身就业，以及对工人的培训、教育等。

当前，世界正经历百年未有之大变局，全球科技竞争日益激烈，国家如果不能在创新活动中占有优势，就无法在创新活动中跻身于世界创新先进国家之列。国家战略力量提升愈益得到各国重视，而实现途径需要体系化、系统化谋划。仅靠创新体系内部中各要素独自的力量已经难以适应全球竞争冲击，唯有发展国家创新体系，而全球竞争环境的变化迫使各国政府重构国家创新体系，发展和强化国家的整体创新实力，制定促进创新的政策，创造创新环境，以最大限度地挖掘并融合各要素的创新潜能，形成国家整体的创新优势。

（三）区域创新体系

从范畴来讲，国家主要强调主权、领土、人口，更多归属于政治学领域，而广义上区域的划分则相对宽泛，既可以是一个行政区，也可以是一个特定的地理区域，而且该地理区域可大可小，如几个洲、几个国家、几个省份、几个市区、沿一条河的流域，或是一种语言区域，如长江流域或儒家文化等。总之，这些区域都具有某种共同属性——边界、语言、风俗或文化等。与此同时，根据经济地理学理论，区域可作为描述具有相似地域特征的空间概念。据此，考虑到空间具有的相对性，区域创新体系可以从空间的范围来划分，比如区域创新体系可以是跨国家创新体系，如欧盟共同体、东盟；可以是一个国家，如美国、日本；可以是国家内跨省市的区域，如第三意大利；也可以是省内跨行政区的区域，如广东的珠三角。在本章节，我们主要研究狭义角度下的区域创新体系，把区域界定在比国家空间尺度低一级的地理范畴内，因此，区域创新体系研究可以作为国家创新体系研究的延伸和拓展，国家创新体系是宏观层次的研究，而区域创新体系是中观层次的研究。

随着全球竞争日益激烈，不断提升国家竞争力已成为各国发展战略和目标，而区域是构成国家竞争优势的一个重要组成部分。由此，区域创新体系也成为许多学者和专家研究的关注对象。与世界其他国家相比，中国地域面积广博、人口众多，属于名副其实的大国。但也同样存在着区域之间经济发展差距较大的问题，既有长期没得到解决的东西部发展差距，又有不断显现的南北方差距。党的十九届五中全会明确提出要推动区域协调发展，并对各个区域发展目标做了重要部署。由此，因地制宜地提出区域创新体系建设在我国显得更有现实意义。由上述可知，本处区域创新体系是中观层面的创新体系，从空间尺度上要小于超国家创新体系和国家创新体系。就其具体范围而言，区域创新体系或者与省级行政区划重合，或者是某一特定地理自然区域。不过有时二者也是相互结合或叠加，没有严格区分，是根据研究目的、内容、关注点所决定的。

由集聚经济理论可知，企业会在一定区域范围内集聚形成产业集群或产业区，也就是说这些区域由某一行业内竞争性企业以及与这些企业互动关联的合作企业、专业化供应商、服务供应商、相关机构等构成。国内外都有不少比较成功的产业集群或产业区，其中既有代表高科技产业的美国硅谷、北京中关村、印度班加罗尔、德国巴登-符腾堡，也有代表传统产业的素有"第三意大利"之称的艾米利亚-罗马涅、巴西希诺斯谷鞋业集群、浙江大唐袜业产业区等。这些集群或产业区为了能形成全球竞争力，都努力提升创新效率，通过创建新型研发机构，加强产学研合作，创建自有品牌，不断在全球价值链上攀升。逐渐形成区域创新体系。因此，开展区域创新体系的具体研究时，对于"区域"的选取，则往往与文化、国情、国家创新体系的状况相联系。无论是从行政经济区域的层次，还是从地理自然经济区域的层面来划分区域创新系统并进行研究时，对于层次的理解都不能简单地当成"1+1=2"的层次来进行理解。也就是说，区域创新体系中的子系统既有纵向的层次，也有横向的诸如产业群、价值链这样的"根植性层次"。

与国家创新体系类似，区域创新体系也是由各类要素构成。有学者（吴海燕等，2011）曾对国外区域创新体系构成要素研究进行回顾并得出两点结论：一是相关研究都认为区域创新体系主体要素包括企业、政府、高等学校、研究机构、中介及与创新相关的其他类型机构和部门；二是随时间推进，区域创新体系构成要素类别不断丰富，除了最基本的主体要素之外，日益增加了社会体制、文化、区域政策等要素。从系统演化发展角度来看，区域创新体系会经历创立、成长、成熟三个发展阶段，而在演进过程中，区域创新体系中的创新主体、资源结构、经济要素结构也表现出动态特征，三个维度呈现相互促进和相互影响（胡小江，2009），促进区域体系内知识的生成、存储、传播和利用，最终推进区域创新体系发展。

值得关注的是区域创新体系与国家创新体系之间有着紧密关系，即二者之间既有联系又有区别。区域创新体系是基于国家创新体系与区域经济发展的实践而提出的，它与国家创新体系既有联系又有区别。从包含关系来看，区域创新体系是国家创新体系的组成部分，而各个区域创新体系相互联结、互动交流共同推进国家创新体系发展。因此，无论是国家还是区域的创新体系，都是由创新的各类主体、创新基础设施、创新资源和创新的软环境等要素构成的。区域创新体系与国家创新体系的差异在于边界、层次、功能、定位都有不同（杨忠泰，2006）。国家创新体系是宏观层次的创新系统，其主体要素也多所属国家层级，且具有明确的国家边界，发挥着总体战略功能，更关注基础研究、原始创新以及国家战略创新力量的培育；区域创新体系则是中观层次的系统，是国家创新体系的次级子系统，主体要素多归属区域范畴，值得注意的是由于创新资源的流动性，使得区域创新体系的边界会发生变化，而且区域创新体系的功能主要在于创新成果应用、普及，使其在本区域产品化、商品化、产业化。

（四）城市创新体系

从层次来讲，城市是构成区域的主要元素，是国家发展的重要载体。相比于农村，城市汇聚了更多的资源、资本、人才、技术和信息，是国家或区域的经济、政治、文化中心。经过多年快速发展，我国城市化水平大幅提高，2020年常住人口城市化率已超过60%，我国已进入城市化发展中后期阶段，城市化进程位于加速期向减速增长期转换。未来城市发展目标是实现高质量发展，为此中央提出建设创新型城市并随国家创新驱动发展战略提出而呈加速建设。2018年，国家出台《关于支持新一批城市开展创新型城市建设函》标志着创新型城市建设迈入了新的发展阶段。而创新城市建设离不开城市创新体系构建，通过城市创新体系建设可最大限度地促进创新资源的合理配置和利用。

许多学者对城市创新体系展开研究，但对于其内涵还未形成一致看法。通过对可搜索到的文献中的所列城市创新体系内涵进行梳理，发现这些定义虽在用词表述上各有不同，但都具有一些共同的核心元素：第一，区域范围界定在特定城市之一，城市创新体系其发生创新活动的范围必定是在城市内，这体现了创新体系理论中的空间相对性。第二，城市创新体系主体要素包括企业、高校、科研机构、政府、中介组织，这是创新体系存在、发展运行的基础和核心，不论是哪个层级的创新体系都离不开这几类主体要素。第三，城市创新体系具有促进城市创新发展的功能作用，比如黄燕琳（2003）认为城市创新体系是为了促进城市经济增长和社会进步，在各组成部分之间生产、传播、引进、扩散和应用新技术、新知识，并将创新作为系统变化和发展动力的体系；赵黎明和李振华（2003）认为城市创新体系有其独特的创新能力，有其特殊的创新文化，有其种类繁多的创新产品。

虽然城市创新体系是国家或区域创新体系的子系统，在构成主体要素、演化方向等方面有共通的地方，但同时由于地域性、植根性又使得城市创新体系有其独有的特点。

一是城市创新体系具有层级性，城市是分层级的，按常住人口规模有超大城市、大中小城市，按地位和所发挥作用有国家中心城市、区域中心城市，因此，城市创新体系的等级性主要体现在创新联系多发生在中心城市、省会城市、经济强市之间（牛欣、陈向东，2013）。

二是地方政府在创新体系的实体化，在创新体系的主体构成要素中，都包括政府，但其他类型创新体系空间边界较大，难以有统一的政府直接发挥作用，特别是跨行政区域而形成的创新体系。而城市创新体系多是与城市行政区划重合，因此，构建维护推进创新体系的任务就具化到地方政府身上。伴随城市之间竞争日益激烈，创新又是"第一动力"，所以地方政府就有了比较强的激励推进创新体系构建。但值得注意的是，当前政府在构建与推动城市创新体系过程存在着一些问题，比如政府与市场在创新中的协调互动关系还不完善、城市技术创新政策法规机制还不健全、服务职能存在缺位（贺恒信、崔剑，2006）。

有部分学者对于如何推进城市创新体系发展提出了一些策略，比如唐建荣（2008）认为要从科技、产业、金融、财税、科技成果管理等五个方面构建基本政策体系，完善科研的系统性、转化的有效性、咨询的完善性、管理的成熟性四类管理体系，培育知识流动、知识创造、企业和城市创新四种能力。张继飞等（2007）则提出要设计新型的城市创新机制、加强创新基础设施建设、建立创新创业服务体系。值得注意的是政府在城市创新体系中的双重角色，既是创新体系的主体要素，与企业、高校、研究机构相互作用推进城市创新体系发展，但政府又是城市经济社会发展的管理者，为城市创新体系运行提供基础环境，比如刘广珠等（2007）建议可成立城市科技创新促进委员会，协调各职能部门不同工作诉求并统筹规划，改变以往"撒芝麻盐"似推进创新的做法，强化政府主导力和执行力。

尽管从空间大小范畴上，有跨国家、国家、区域、城市等各类创新体系的概念，但从实际发展和应用来看，创新空间可能会是本地的、国家的或者全球性的多种维度的融合。原因在于知识外溢性决定了创新体系发展的内核是知识创造和知识流动，也就是说创新不可能受物理空间所限，创新主体会充分联系和融合不同创新体系的资源。因此，各类创新体系可以充分利用经济全球化深化过程来扩展自身的边界。但也要看到，进入新发展阶段，百年大变局特别是在新冠疫情大流行的背景下，开始出现产业链去全球化同时向多区域化发展的趋势，这就要求创新体系既要利用内生力量和资源也要加强与其他体系交流合作，获得外部知识来增强自身优势和竞争力。无疑，构建区域创新系统知识来源的本地渠道和全球渠道对于区域竞争力和企业的创新显得十分重要（毛艳华，2007）。

第四节　区域创新体系的理论探讨

一、国内外区域创新体系研究现状

（一）国外区域创新体系相关研究

一般认为，英国经济学家、卡迪夫大学教授库克（Philip Nicholas Cooke）最早提出区域创新体系概念，并在其主编的《区域创新系统：全球化背景下区域政府管理的作用》一书中对区域创新体系概念进行了较为详细的阐述，认为区域创新体系主要是由在地理上相互分工与关联的生产企业、研究机构和高等教育机构等构成的区域性组织系统，该系统支持并产生创新（柳士双，2010）。随后众多学者从各个维度对区域创新体系开展研究。

1. 区域创新体系内涵的研究

自库克提出区域创新体系概念之后又有不少学者也尝试进行定义。有从集群视角出发，认为区域创新体系实质就是围绕产业集群及群内公司和包括高校、科研机构、中介组织在内的制度基础结构而组成的区域集群（Asheim & Isaksen，1997）；还有从创新主体的多元性、网络性出发，认为区域创新体系是相互作用私人与公共利益体、正规机构和其他组织的集合，其功能是按照组织和制度的安排以及人际关系促进知识的产生、利用和传播（Doloreux，2002）。

2. 区域创新体系模式分类的研究

由于区域创新体系兼具地域性和功能性，以及创新主体相互作用关系的差异性，这就决定了区域创新体系类型或构建模式的多样性。因此，一些学者从不同维度对此进行研究。有按区域发展潜力或创新资源多寡将区域创新体系分为不同等级，比如Cooke等人（1998）根据区域发展潜力对欧洲11个区域基础设施、政策、制度和企业组织的差异开展调查分析并将其划分为具有强发展潜力区域的创新体系、中等潜力区域创新体系和发展潜力低区域创新体系三类。有学者（Howell，1999）根据区域内组织互动交流对促进创新作用将区域创新体系分为"自上而下"和"自下而上"两种类型，前者是从属于国家创新体系的次级创新体系，后者根植于特定区域且具有独立的内部特征和内部联系。Braczyk等（1998）认为由于技术转让层次不同而有不同类型区域创新体系，若技术转让发生在本地则为基础型区域创新体系，若技术转让发生在多种管理层次上则为网络型，若技术转让发生在中央集权管理层次下则称为统制型区域创新体系。Isaksen（2001）通过对区域壁垒和创新阻力的分析，也把区域创新系统分成缺乏组织的、零散的和封闭的区域创新体系三类。这种分类方法对于制定相关政策工具沟通企业与创新资源的交流非常有意义。

3. 区域创新体系分析方法和动力机制的研究

自区域创新体系进入学者们的视野以来，对区域创新体系的分析方法呈现出多样性。比如Lundvall（1992）强调历史分析方法对研究区域创新体系的重要性，原因在于不同历史时期的经济系统都有可能对创新过程产生不同影响。Nelson（1993）基于制度分析方法对区域创新体系开展研究，他认为不同的制度安排及其定位会对创新体系的创新能力产生影响。一些学者聚焦演化分析方法，认为区域创新体系源于演化经济学，创新主体需要通过关注市场环境变化、空间集聚影响、社会规则习俗变迁、知识创造与流动等方面来选择发展轨道（Cooke，1998）。Camagni（1991）尝试利用社会学分析方法来分析区域创新体系，主要在于创新活动属于一个社会过程，因此创新主体之间的互动、协作都离不开社会网络。

研究区域创新体系的最终目的是能推进其良性运转，因此发掘创新体系运行动力机制也成为学界比较重要的研究内容。Doloreux（2002）把互动学习、知识生产、邻近性和社会根植性作为四个相互有关的"内部动力"。由于知识生产子系统和知识应用子系统缺乏紧密联系，Cooke（2003）认为创新体系中存在着知识流动障碍，唯有通过设立诸如技术中介机构等润滑、联结组织或工具方可克服这类障碍。

（二）国内区域创新体系相关研究

当前，区域发展日益成为国家重点关注领域，区域创新体系建设成为深入实施国家重大区域发展战略、建设创新型国家的重要支撑，是各地区跨越"中等收入陷阱"和实现高质量发展的重要保障（张其仔，2020）。相比于国外研究，我国在20世纪90年代后期才兴起对区域创新体系的研究。

1. 区域创新体系内涵的研究

由于区域创新体系作为研究范畴最先由国外学者提出，因此，国内学界在开展相关研究初期多是从概念内含入手，通过对国外相关文献梳理、概述并结合中国实践提出区域创新体系含义。顾新（2001）将区域创新体系界定在一定地域范围内，认为是由于各类经济发展要素及其新组合的进入而产生出更为有效的资源配置方式，进而提高区域创新能力，推动产业结构升级，形成区域竞争优势，促进区域经济跨越式发展。黄鲁成（2000）认为区域创新系统是指在特定的经济区域内，各种与创新相联系的主体要素（创新机构和组织）、非主体要素（创新必需的物质条件）及协调各要素之间关系的制度和政策网络。柳卸林等（2003）则从网络视角探讨区域创新体系，认为区域创新体系是某区域内有特色的、与地区资源相关联的、推进创新的制度组织网络，其目的是推动区域内新技术或新知识的产生、流动、更新和转化。盖文启（2002）认为区域创新系统是由区域创新网络、区域创新环境和一些不确定因素组成的系统，是区域内网络中各个结点在相互协同作用下创新与结网，并融入区域的创新环境中而组成的创新系统。

2. 区域创新体系要素构成的研究

众所周知，创新不是单个因素的突变行为，而是由众多要素及其相互作用一起以系统的形态推动创新发生，即区域创新体系是由众多要素构成的系统。由于构建区域创新体系的要素较多，吸引了众多学者围绕区域创新体系构成从不同视角开展相关研究。

一是主体说，这类研究多是聚焦区域创新体系的构成主体。综观国内外研究可以发现，学界普遍认同区域创新体系是由一些基本要素构成，即参与技术开发和扩散的企业、大学和研究机构、广泛介入的中介服务组织以及适当参与的政府，这些要素共同构成一个为创造、储备和转让知识、技能和新产品的创新网络系统，且这种网络具有层次性特征，是国家创新系统的子系统（胡志坚、苏靖，1999）。

二是系统说，这类研究认为区域创新体系是由若干子系统构成，比如黄鲁成（2000）从四个维度出发分析区域创新体系结构，认为若从知识生产维度看区域创新体系由知识创新子系统、技术创新子系统、知识传播子系统和知识应用子系统构成；若从创新的结构看区域创新体系由创新主体子系统、创新基础子系统（技术标准、数据库、信息网络、科技设施等）、创新资源子系统（人才、知识、专利、信息、资金等）和创新环境子系统（政策法规、管理体制、市场和服务等）构成；若从创新的动态过程看，区域创新体系由研究与开发子系统、创新导引子系统、创新运行与调控子系统、创新支撑与服务子系统构成；若从创新对象上看，区域创新体系由技术创新系统、制度创新系统、组织创新系统和管理创新系统构成。

3.区域创新体系功能的研究

构建区域创新体系的目的就是要充分发挥其功能，所以，了解创新体系各项功能也是学界重点关注领域。所谓区域创新体系功能是指区域创新系统与外部环境相互联系和相互作用过程的秩序和能力，体现了系统与外部环境之间的物质、能量和信息的输入与输出的变换关系以及包括了改变被作用对象的秩序（顾新，2000）。谭清美（2002）从政府、企业、大学、科研机构、中介等结点探讨了区域创新体系功能，比如政府创新功能包括系统设计、体制创新、机制创新、政策创新、管理创新、服务创新和文化创新等；企业作为区域创新体系的重心，其创新功能主要体现在技术创新、管理体制创新、企业文化创新。顾新（2005）则认为区域创新系统的功能有推动区域产业结构升级、形成区域竞争优势、促进区域经济跨越发展等功能。

（三）国内外学者对区域创新体系研究达成的共识

国内外学者虽然从不同角度、用不同方法研究区域创新体系，但对区域创新体系的研究在以下方面达成了共识。

第一，地域性，都是对一定地理空间范围内的创新主体及互动关系进行研究，这些创新主体在空间上具有邻近性，可以加快信息传递速度、降低了传输成本，使得技术外溢在区域创新体系中发挥更大的作用。

第二，多元性，区域创新体系中包括不同的主体要素和支撑要素，前者主要指政府、企业、大学、研究机构、中介机构等；后者指资金、人才、科研基础设施等资源，这些要素及其相互关系共同影响区域创新体系的效率。

第三，网络性，区域创新系统是经济条件下的社会经济系统，网络结构是它的基本结构形式。创新活动作为系统过程需要创新体系中各个节点要素之间的相互作用，这是区域创新体系构建的关键所在。

第四，政策性，政府作为区域创新体系中重要主体应充分发挥创新政策在区域创新体系中发挥着重要作用，进而通过促进本地化学习、加强网络结构和深化制度安排来发挥竞争优势。从而为创新体系营造良好的创新环境。

二、区域创新体系功能分析

区域创新体系的地域性是其首要特征，因此其功能首要体现的是地域性。区域创新体系可以将区域创新发展的要素进行新的组配，产生一种更为有效的资源配置和生产方式，使区域内资源（信息、人力等）得到更有效的利用，推动产业结构升级，提高区域创新和竞争能力，形成区域竞争优势，其功能具体包括以下几个方面。

（一）优化区域资源配置

区域创新体系是在一定空间距离范围内，利用相应的管理机制，整合各类创新主体资源，将区域内的人、财、物及信息、知识等创新资源进行组织、分配、使用和管理的整合过程。区域创新体系立足于区域创新资源总量与分布的现状，充分考虑创新主体的现实需求，把各创新主体有机地结合起来，一方面，不断提升区域创新资源的质量与数量；另一方面，通过其高效的创新网络，将有限的创新资源运用在区域的重点领域和优势行业中去，这有利于提升区域创新资源的配置效率，同时也利于区域创新资源的再生产和再创造。

（二）驱动区域创新活动

从区域创新体系的本质出发，区域创新体系能够从区域经济现实发展的情况和需要出发，进行有目的的创新行为和实践，从而有效地促进区域经济的发展。例如，从我国已有的区域创新发展的实践来看，北京的中关村依托北京地区雄厚的高校和科技资源，实施以信息IT技术为主的产业创新活动，涌现了如联想、爱国者等大批著名的信息科技企业；而广东东莞、中山、佛山等地，则依托其珠三角资金（外资）、人力、土地、原材料等多方面的优势，进行产业的集群创新与发展，涌现了大批具有规模的专业镇或专业市场，如佛山的陶瓷、东莞的服装、中山的灯饰等。

（三）带动区域产业升级

区域创新体系可以通过各创新主体的互动，持续地产生激励创新的动力，形成连锁反应机制，加快创新扩散，推动从理论创新扩散到应用实践创新，从科研创新扩散到技术创新，从产业创新扩散到企业创新，从单个产业创新扩散到产业集群创新，从而推动整个区域经济、产业结构的升级、换代，提升区域整体的创新能力和管理水平。具体实现路径如下。

首先，在区域创新体系下，创新及其产业化应用与扩散联系较为紧密，从创新到应用的转化效率也更高。因此，创新成果通过其产生与产业应用的过程，打破了技术系统的内在平衡及技术个体间的原有关系，使原有产业和产业部门分解，形成了新的产业和产业部门。另外，新产品、新工艺、新能源、新材料的发明和应用，扩大了社会分工的范围，拓宽了生产活动空间，形成了新的生产门类和部门。

其次，在区域创新主体中，产业之间存在着前向或后向的关联关系，即产业链关系。区域创新体系可以使得上下游产品和上下游产业之间互为产品创新和过程创新，进而促进产业间的联合与扩散。

最后，在区域创新体系中，新技术在促进新兴产业产生与发展的同时，使传统产业部门有可能采用新工艺和新装备，提高其技术水平，促进原有产品的更新换代，甚至创造出全新的产品，推动传统产业的改造，这些新技术已成为某些新兴产业依托的重要条件。

（四）有助于促进区域经济发展平衡

不同区域之间在创新能力和创新效率方面必然存在差异，进而可能会导致区域经济发展不平衡。尽管不发达区域可以学习和借鉴发达先进地区的成功经验，具体而言，可选择更开放的发展政策、可学习更科学的管理经验、可引进更先进的技术，形成一定的比较优势，但不发达区域并不必然具有后发优势，同时，后发优势也并不必然成为比较优势。与此同时，不发达区域能够引进的技术要么是即将或正在被更先进的技术所取代的成熟技术，或有可能被发达地区即将淘汰的技术，要么就是还处于创新和实验期、离产业化尚有较长距离的技术，如果后进区域不对引进的技术进行再创新，就只能跟在先进国家和地区的后面，亦步亦趋，走入"引进—落后—再引进—再落后"的循环怪圈。例如，我国的汽车工业就是一个典型案例，"市场换技术"得到的结果是，市场已被欧美日韩占领，但我们的汽车工业技术和国产品牌却没有得到本质的提升，其主要原因在于我们的持续创新能力不够。而区域创新体系的构建可以使后进区域在引进、模仿创新的基础上，将引进的先进技术吸收、消化、创新，以提高区域自主创新能力，发挥后发优势，实现区域经济的跨越式发展，赶上或超越先进区域。

（五）提升区域竞争优势

区域创新发展的目的之一是获得区域竞争优势。任何区域想要获得持久的竞争优势，就必须准确把握未来技术和市场的发展趋势，不断创新，努力建立和发展区域竞争力。对那些已经拥有较强区域竞争力并取得显著竞争优势的区域来说，随着外部环境的发展、需求状况的变化、技术进步和其他区域的发展，已有的竞争优势会被逐渐削弱，甚至消失。

综上所述，区域创新体系主要通过发展有潜力的创新活动，提高区域自主创新能力，跨越技术发展阶段，推动区域产业结构的演化与升级，从而实现区域经济的跨越式发展。区域创新体系是在特定区域内由知识和技术的生产、流动、扩散、应用等若干环节与体系组成的创新支撑系统，对区域协调发展来说，构建区域创新体系不可能一蹴而就，需要做出长期不懈的努力。

三、区域创新体系特征分析

从科学与技术的互动关系上来看，区域创新包括区域的技术创新和区域的科学创新。所谓区域创新一般是指依托区域科学技术创新实力，有效地利用区域创新体系资源，协调区域间的科技合作与竞争，实现区域内科技创新资源（人力、物力、财力）的高效配置与结构优化，促进区域创新体系活动的广泛开展和创新成果的应用、推广及普及，从而创造和发展区域的竞争优势，其目的是为推动区域经济与社会发展服务。区域创新体系是区域政府、高校、科研机构、企业和中介共同相互作用，并且共同发展的网络，这种创新体系不仅具有系统的主要特征，而且是开放的，它既有与国家科技创新体系对应的结构与功能，又有区域体系自身的特点与特色，承担着把前沿科学与先进技术内化为区域经济发展的自变量，促进区域产业结构的调整与优化，从而保证区域经济与社会的可持续发展的任务。根据已有的论述，区域创新体系具有以下基本特征。

（一）中观层次性

中观层次性是从系统层次关系上来界定区域创新体系的特征。区域创新体系对上是一个局部，对下则是一个全局，承上国家，启下企业。它的创新决策从属于国家宏观创新职能与政策的控制，对其下属众多的部门与企业具有因地制宜的全局导向作用。所以，在一个国家的创新纵向链条中，它是承上启下的中间媒介和中端调控系统，发挥居间的中间联系与协调作用。我们不能笼统地强调区域创新体系的宏观和战略调控，就中观而言，它既有对国家的局部服从性，又有区域的相对独立性和特殊性。它一方面必须按照国家创新体系的战略、目标、政策、方法、法规等信息来调整区域创新体系；另一方面又要输入区域内外的各类创新资源以激活区域创新体系。如果与国家的宏观调控相混淆，就很难发挥区域的个性特色，就会加重"一刀切"、重复建设、产业结构趋同的弊病，这不仅会影响国家宏观经济社会的创新发展，同时也会影响区域优势的发挥。

（二）空间邻近性

区域创新体系是某一特定地理空间范围内（范围可大可小）的社会经济

现象。有别于国家创新体系（宏观）和企业创新体系（微观），区域创新体系属中观层次范畴，无论是从体系的边界范畴，还是从其运行目标与系统功能来看，三者都有明显的区域特征。受区域政治、文化、经济和资源等条件与水平的影响和制约，不同区域的经济发展要素各具特色，其创新活动在动力、起点、内容和实现的路径上也有所不同，而且创新能力的差异，也导致不同区域创新体系的创新效率有很大差异。所以，区域创新体系的区域性特征——空间邻近性，决定了其形成、建设与运行必须立足于区域的基本经济、自然与人文社会条件，与区域发展的现状与未来目标相适应，并为区域经济与社会的发展服务。

（三）主体多元性

区域创新体系是一定区域内与创新全过程相关的各种创新主体组成的系统，公司企业、高校科研院所、中介服务机构（行业协会）和地方政府等诸多创新主体在创新体系中相互交融。在区域创新体系中，多种主体之间密切联系和流动，需要塑造一种互信互惠、可靠合作的社会文化环境，包括正式的契约关系和非正式的人际关系，创新活动就根植于这种文化环境的土壤之中。

（四）整体集成性

在区域创新体系中，创新绝非是单个创新主体的活动，而是各类创新主体交互学习、合作分享的群体性活动，是集群性创造活动。区域创新体系由区域范围内的产业体系、科技体系、教育体系、社会服务体系、政府宏观管理体系等子系统构成，共同推动区域经济的整体发展（潘金刚，2009）。

区域创新体系具备系统的基本特征，它不是系统要素的简单相加和偶然堆积，而是各要素或子系统通过线性和非线性相互作用构成的有机整体。区域创新体系各要素之间通过相互作用，形成网络关系。在区域创新体系运行过程中，要素与系统之间、要素与环境之间及各要素之间进行着知识、信息、资金与人员的交换，存在着有机的相互联系和相互作用，使系统呈现出单个组成要素所不具备的功能。另外，从区域创新体系的运行来看，创新是一个互动的学习过程，成功的创新不仅来源于企业内部不同形式的能力和技能之间多角度交流的反馈，同时也是创新主体与系统外部竞争对手、合作伙伴等互动的结果。区域创新体系的整体集成性，不仅可以提高创新主体自身的创新能力，还可以加强各创新主体在创新过程中的相互联系和互动。

（五）动态开放性

区域创新体系中的各创新主体及其相互之间的联系是处在一个动态变化的开放状态下的，而其中的创新资源要素，如人力、知识、信息等也在不断更新中，因此可以说区域创新体系的构建与运行，其本质即是一个发展变化的过程，呈现出动态开放性的特征。这种动态开放性主要体现在两个方面。一方面，区域创新体系的动态性体现在系统内部主体的动态性变化上。区域内部的企业、大学、研究机构和中介机构等是处在不断变化的过程中的，如企业的破产与兼并、区域内外企业的迁入迁出等，同时企业间的各种联系也在随时发生着变化。另一方面，区域创新体系的动态性还表现在外部环境的变化影响上。由于区域发展的外部技术与市场环境所具有的不确定性和不可预测性特点，区域创新体系运行的外部环境不可避免地会发生变化，从而引起创新体系内部环境及创新主体之间互动关系的变化。成功的区域创新体系能够充分挖掘利用区域内外创新要素，并最大限度地吸收利用域外的创新资源，使创新体系始终处于动态的发展过程中，而避免盲目封闭和保守。

（六）相对稳定性

动态开放的区域创新体系兼具相对稳定性。由于区域自然资源的条件、特定区域制度及社会形态和文化传统等因素，一个地区的区域创新体系往往表现为相对稳定。例如，知识产生和扩散系统作为区域创新体系的子系统，虽然其产生和扩散常发生改变，但其知识组织和积累能力却往往随着时间的推移而趋于相对稳定。从长远来看，科研机构实力的改变只能通过雇用和培养创新领军人才，或是进入新的科学领域等，因此，区域内的研究成果和产出具有相对稳定性。而在由企业、产业和区域主导集群集合而成的知识开发和应用子系统中，虽然个体企业和行业常受到市场波动和技术变化而导致产出的扩大或减少，但整体经济结构和产业在一定时期内往往相对固定。随着时间的推移，这些都对地区生产力、人均收入水平和创新绩效等的稳定性具有一定的帮助。

除了上面的"硬"事实，还存在着一些"软"制度因素。非正式制度，如共同的思维习惯、常规、惯例、社会规范和价值观念等因素会影响参与者的行为和他们之间的关系。"软"制度的关键特征就是惯性，传统的、常规的、陈旧的行为和思维模式往往是根深蒂固的，难以短期改变，因此，制度的持久性对区域创新体系有一定的稳定作用。当然，总体来说区域创新体系具有高度的稳定性和连续性，但我们仍可以观测到某些地区的巨大变化。例如，东亚或南美的一些新兴经济体（如新加坡、中国台湾、中国香港、印度班加罗尔、巴西圣保罗），伴随着地区的经济发展，创新和技术转换的发生也相当迅速；在东欧的一些国家和地区，由于受到外来直接投资的影响，区域创新体系也发生了转变，而在西欧的一些地区，区域创新体系变化没有那么显著，是一种渐进的转变，如老旧工业区转型等。

（七）自组织性

系统的自组织性是指系统具有能动地适应环境，并通过反馈来调控自身结构与活动，从而保持系统的稳定、平衡及其与环境一致性的自我调节能力。一个系统的要素按彼此的相关性、协同性或某种默契形成特定结构与功能的过程称为自组织，它是复杂的、自身演化发展的系统（李树军，2004）。在给定的环境中，自组织机制能够使诸要素接近振荡点，具有使要素自我发展、自我扩张的功能，能够通过要素间的相互作用而形成有序结构。也有学者（尼科里斯、普里高津，2010）从耗散结构理论视角来看系统的自组织性，认为一个远离平衡的开放系统可以通过不断地与外界交换物质、能量和信息，在外界条件变化达到一定熵值时，从原有的无序状态，转变为一种时空上或功能上的有序状态。区域创新体系的形成，一开始就是处于不断变化的市场需求、不确定性的技术创新主体与创新手段等组成的外界环境之中，外界环境必然对创新体系内部诸要素施加影响，迫使技术创新体系不得不与外界环境不断地进行交流，促使其处于远离平衡状态。此外，创新体系内部各主体能动性的不断发挥，也将不断地打破已经形成的平衡状态而使之处于远离平衡状态。因此，可以由此看出区域创新体系/系统就具有这种自组织性和自组织能力。区域创新体系的自组织行为通过创新主体在系统环境的刺激和约束下，不断调整要素构成和结构来优化创新体系。环境因素是促使区域创新体系自组织的外部动力。区域创新体系内部各要素之间的对立与统一是促使系统自组织的内部动力。只有充分调动起创新体系中各创新主体的主观能动性，通过系统的自组织，才能在创新体系内部自发、持续地产生出推动创新的动力，从而更好地实现创新系统的整体功能。

第五节　区域创新体系建设的重大意义及完善路径

一、构建区域创新体系过程中存在的问题

近年来，特别"十三五"时期，根据《国家创新驱动发展规划纲要》部署实施，我国区域创新体系建设取得大发展，比如东部、中部、西部与东北地区四大经济板块创新能力显著提升，京津冀、长三角、珠三角、长江中游等重点城市群的协同创新体系建设稳步推进，北京、上海已进入全球创新策源引领前列，各类型创新平台成为推动区域创新体系建设的重要支撑。然而，若与发达国家相比，我国区域创新体系无论是在顶层设计上还是在资源整合、组织协调、运行机制、知识吸收等方面都存在较大差距，在建设过程中和作用发挥上还存在一些体制机制障碍，仍然无法完全承担起创新驱动发展所赋予其应承担的重任（张其仔，2020）。

（一）区域创新失衡问题依然突出

多年来，我国创新研发投入增长迅速，2013年以来我国R&D经费总量一直稳居世界第二。"十三五"期间，我国科技实力跃上新台阶，全社会研发经费支出从1.42万亿元增长到2.44万亿元，研发投入强度从2.06%增长到2.4%。R&D经费投入强度稳步提升，已接近欧盟15国平均水平。2020年技术市场合同成交额超过2.8万亿元。[①]我国研发经费投入强度与发达经济体的差距进一步缩小。根据世界知识产权组织发布的全球创新指数显示，我国创新能力

---

①陆娅楠，我国研发投入连续创新高[N]，人民日报，2020-10-06（01）

综合排名从2015年的第29位跃升至2020年的第14位，是前30位中唯一的中等收入经济体。但也要看到我国R&D经费投入强度与美日等科技强国相比尚显不足，R&D产出多而欠优的现象亟须改善。特别是区域差异比较明显，根据《2020中国区域创新能力评价报告》显示，我国区域创新能力领先地区与落后地区的差距没有明显缩小，其中东中西部创新差距基本处于固化状态，南北创新差距呈现阶段性扩大。由创新投入强度反映就是创新投入强省是创新投入弱省的11倍。城市群协同创新功能尚没有得到充分发挥。虽然城市群在引领区域发展方面正越来越发挥着的重要作用，但区域创新格局正出现越来越大的分异。其中长三角、珠三角内部创新活动趋向均衡，而京津冀、关中城市群内部则呈现日益明显的区域创新分异（周麟等，2021）。

（二）区域创新体系要素之间的互动机制尚未建立起来

近年来，随着我国区域经济整体水平的不断提升，区域创新活动显著活跃，区域创新体系基本建成。但依然有一些区域创新体系却存在着结构不稳定，且较为松散，没能发挥整体效应。集中表现在创新体系中各个创新主体看似在一定的区域内得到集中，如进入创业园区或经济开发区内或通过网络资源共建共享，但各个主体彼此之间协同性有待加强。从产业维度来看，由于企业与高校、科研院所之间的产学研合作关系尚处浅层技术咨询阶段，尚未构建起长期、稳固技术合作联盟，致使"卡脖子"技术迟迟难以突破，进而影响到我国一些高新技术产业仍处于低端环节，缺少对关键核心技术的控制权。从要素个体来看，创新主体创新能力还有待加强，区域创新体系的重点是企业创新能力的培养，而目前我国企业的创新能力特别是自主创新能力比较低下，高科技含量不足，核心技术依赖于国外，企业科技投入低、科技创新水平低局面没有改变。创新主体之间的相互合作与交流仍比较封闭和相对匮乏，特别是创新主体之间在信息或知识资源的配置和共享共建上壁垒还是很多，信息孤岛现象严重。

（三）区域创新产出缺乏效率

当前，科技创新已成为一个国家或地区经济发展的决定性性因素，而构建区域创新体系可提升区域创新能力。但目前来看，由于区域创新体系成熟度不同使得创新产出缺乏效率。一是从区域维度来看存在着区域创新产出效率差异，任非和刘徐益（2020）将创新产出效率分为综合效率、纯技术效率、规模效率，并利用科技统计数据对我国创新区域省份进行实证分析，结果显示各省份创新产出效率差异较大，东部地区创新产出综合效率相对较高，而中西部地区创新产出效率与东部相比差距较明显。二是从科研成果转化来看，目前许多科研机构和大专院校的创新知识、新专利和新技术不能迅速与市场、企业相结合，科技成果转化效率低，大多束之高阁。

（四）区域创新成果扩散缺乏有效中介支撑系统

所谓创新成果扩散是指通过特定的渠道在社会系统中广泛应用和推广（段茂盛，2003）。一般来讲，区域创新体系内各创新主体开展的创新活动既在系统内发生，同时也会与系统外的主体之间存在能量或资源的流动，作为创新主体其自身的成果只有进行扩散才能发挥其价值的最大化，同样创新体系本身也需吸收体系之外的能量或资源。但由于现代科学研究日益复杂，增加了创新活动的多样性、创新内容的丰富性、创新成果扩散的复杂性。这就决定了仅凭创新主体开展创新成果扩散的有限性，需要中介支撑体系来作为创新成果扩散系统。从国内外创新实践看，以中介机构为代表的创新成果扩散系统是区域创新体系的一个重要组成部分。当前，我国在推进区域创新体系构建过程中，缺少科技与应用的高效服务纽带。主要原因可能在于现有中介机构发展滞后，大多中介机构功能停留在政府项目申报、企业项目策划和运作的阶段，远未实现组织网络化、服务社会化、功能系统化，因而不能有效发挥纽带作用。除此之外，现有的科技创新服务环境，诸如高新技术创业服务中心、生产力促进中心、人才市场、技术交易市场、创业投资服务等服务中介组织力量薄弱，同时中介服务机构，如管理咨询、法律顾问、专利代理等，技术信息和服务平台需要加强。

（五）区域创新要素流动不充分

当前，我国已进入创新驱动发展新阶段，创新要素已成为实施创新驱动战略、提升区域创新绩效的重要战略资源。因此，创新要素能否实现自由、高效、充分地流动对区域创新效率水平高低有重要影响。虽然创新要素流动属于多维动态概念，但创新要素流动内涵可以概括为创新要素在不同空间之间的转移、变化，以实现资源优化配置。一般来讲，创新要素流动可以通过知识和技术溢出效应、要素配置优化效应和分工效应促进地区经济增长、区域创新效率水平提高（邵汉华、钟琪，2018）。改革开放以来，特别是近些年随着互联网金融的迅猛发展、户籍制度改革的深入推进，我国创新要素流动范围、程度、水平都有很大提升。从人才资源来看，有研究（白俊红等，2017）指出我国长三角地区的高级人才流动率已达到13%，基本接近美国平均水平；从金融资本来看，随着现代新型金融支付手段的丰富，研发资本区际流动更加方便、快捷（王曙光，2013）。

但必须要认识到，当前，我国创新要素流动不充分依然存在，要素流动过程中还面临着许多障碍。主要体现以下几个方面：一是部门流动不均衡，我国区域创新体系中，政府部门、国有企业及外资企业占据明显优势地位，吸引了大量的优秀人才，但民营企业特别是创业型中小企业难以获得急需人才；二是地域流动不均衡，目前各地初步建成基于本地实际的区域创新体系，虽然在体系内可实现产学研协作创新，但不同体系之间由于成熟度、发展水平不同，在争夺创新资源过程中，创新能力较低的地区很难通过引入外部创新资源的方式实现能力提升和路径突破（张其仔，2020），这就会形成创新要素流动的空间极化。

这种创新要素流动的部门、地域不均衡无法使创新体系产生足够的创新动力来推动创新型社会的建设。原因在于创新要素流动的本质是知识溢出，只有通过不断的知识溢出才能推动创新型社会的形成，而非将区域内的创新能力集中于少数大企业或政府手中。这其中市场机制对创新资源的配置作用起着决定性作用，没有健全的、充分竞争的市场机制发挥作用，只能导致创新要素流动不充分、创新要素配置存在扭曲、原始创新能力不足等问题。特别值得注意的是政府作为区域经济创新重要的主体性要素，一直在扮演着双重角色，它既是区域经济创新政策的制定者，又是创新活动的参与者。在发展规划、政策制定、资源配置等方面，政治、科技与经济相互脱节的现象依然存在，政策环境有待优化。

二、区域创新体系建设的重大意义

当前，我国已迈入新发展阶段，构建以国内大循环为主体、国内国际双循环相互促进的新发展格局是我国"十四五"以及更长时期内的重要战略部署。为了实现这一目标，有效策略之一就是要完善国家创新体系。其中，区域创新体系是国家创新体系的子系统，构建区域创新体系可以有助于提高区域创新能力，增强区域竞争力和加速区域经济发展，进而打造创新型国家。因此，构建具有特色的区域创新体系具有重大现实意义。

（一）区域创新体系建设是国家创新体系建设的重要内容

当前，我国已转向高质量发展阶段，创新发展、建设科技强国、进入创新型国家前列已成为"十四五"及未来一段时间内的奋斗目标，创新正处在我国现代化建设全局中的核心地位，完善国家创新体系已写入党的重要文件和国家"十四五"规划当中。众所周知，一个国家是由不同区域构成，国家的经济发展表现与区域发展情况紧密相关。我国作为一个发展中大国，区域差异大、发展不平衡是基本国情，而解决不平衡发展问题的首要手段就是创新驱动发展，即不断提升区域创新能力，而建设区域创新体系则成为提升区域创新能力的有效途径。由此可以发现，完善国家创新体系与建设区域创新体系之间有着紧密联系。

第一，从空间边界关系来看。区域创新体系是国家创新体系的重要组成部分，是国家创新体系的子系统，是国家创新体系在区域层次上的延伸，体现国家创新体系的层次性特点。

第二，从体系构成来看。不论是国家创新体系还是区域创新体系，有相似的构成要素类型，都包括政府、企业、高校科研机构、中介组织等主体要素、环境要素、支撑要素。

第三，从两者作用关系来看。区域创新体系与国家创新体系相互融合，国家创新体系是一个国家内不同区域创新体系的集成，而充满活力、各具特色、丰富多彩的区域创新体系支撑国家创新体系，区域创新体系内部及不同创新体系之间的协调运行是提高国家创新体系运行质量和效率的前提和保证，因此，区域创新体系建设必须遵从国家创新体系的整体设计。但与此同时，区域创新体系又必须以区域的资源特色、战略目标为着眼点，把增强区域创新能力作为建设国家创新体系的重要内容。通过创建区域创新体系来逐步健全和完善国家创新体系。

（二）区域创新体系建设是提高区域创新能力的有效保证

21世纪以来，随着新兴市场国家的快速崛起和西方的相对衰落，世界政治经济格局正在发生深刻变化，区域竞争力正在成为国家竞争力的集中体现。随着区域经济的不断发展和竞争的日益加剧，区域创新能力正日益成为地区经济获取国际国内竞争优势的决定因素，成为区域发展最重要的能力因素。一方面，区域创新是带动区域经济发展的重要引擎，通过区域创新，整合区域内的创新资源，提高自主创新能力，促使企业技术扩散，产生巨大的"乘数"效应；另一方面，区域创新促进了区域产业集群的发展，也是区域内产业结构升级的根本技术支撑。因此，不断增强区域创新能力，从根本上提高其经济竞争力，已成为促进区域发展的关键。

众所周知，创新是经济社会发展的不竭动力。纵观世界先进地区发展史可以发现创新活动与经济发展紧密相关，凡是创新活动频繁发生的区域也往往是经济发展中心。而创新能力提升离不开区域创新体系建设。

一方面，创新体系是开放系统，其运行的着重点在于培育提升技术开发、转移、应用、扩散能力，建设有效的区域社会支撑体系。因此，区域创新体系的高效运转需要面向市场经济的科技资源、不断衍生和壮大的经营机制、灵活的新型企业、新的经济政策与政府管理办法（李虹，2004）。

另一方面，通过创新体系建设可以充分利用制度创新的优势，来推动区域创新顺利进行，特别是对于区域内部缺乏大规模研发支持的中小企业而言，此时，区域创新体系对其发展的推动作用则上升到第一位。鉴于此，构建完善一个层次清晰、网络互动的创新体系可以有利于支撑区域内创新创业的发展，可以有效增强地区创新能力，可以有效应对日益激烈的国际国内竞争，应对产业的大转移、结构的大调整所带来的不确定性的挑战，以及应对区域就业需求增加所产生的压力。

（三）区域创新体系建设有助于推动产业技术升级

当前，我国已转向高质量发展阶段，但传统粗放型经济增长方式依然没有实现彻底转变。这种经济增长方式的显著特点集中表现为高投入、高消耗、高污染、低效益。与粗放型经济增长模式相适应，我国的能源消费水平较高，特别是对一次能源消费占比依然偏高。根据统计数据显示，2019年我国能源消费结构中煤炭占比达到76.2%。[①]但随着我国进入新发展阶段，五位一体新发展理念的贯彻实施，特别是2020年习近平总书记在第七十五届联合国大会上郑重宣布中国将于2030年前实现二氧化碳排放达到峰值，努力争取2060年前实现碳中和，我国必然要实现经济增长方式由粗放型向集约型转变。要从高投入、高消耗、高速度、低产出、低质量、低效益的增长方式，转变为低投入、低消耗、高产出、高质量、高效益、高速度的增长方式，一条重要的途径是用高技术改造传统产业，实现产业结构的振兴，加快经济结构调整，推动产业技术升级。因此，建立健全区域创新体系可以从以下几个方面实现产业技术升级。

1. 有助于加快新兴技术发展

经过多年发展，我国已建成健全产业体系，拥有联合国产业分类中的全部工业分类，成为世界上产业体系最为完整的国家，并已连续多年保持世界第一制造大国的地位。但我国还不是制造强国，根据中国工程院对世界主要国家制造业指数的深入分析，美国综合实力遥遥领先，处于第一方阵；德国、日本紧随其后，处于第二方阵；我国则与英国、法国、韩国一同属于第三方阵。[②]为此，在新一代信息技术与制造业深度融合背景下，我国亟须以科技自立自强开展高新技术产业、支柱产业、传统产业的技术改造和产品结构调整，而这些改造、调整、发展需要区域创新体系的建设来解决。

2. 有助于强化创新溢出效应

---

①国家统计局，中国能源统计年鉴2020[M]，北京：中国统计出版社，2021.1

②屈贤明，从制造大国迈向制造强国——读《中国制造前沿大讲堂》，光明网，2021-01-21，https://m.gmw.cn/baijia/2021-01/21/34561643.html

从创新地理学视角来看，创新活动具有空间集聚的重要特征，且这种集聚对空间邻近性依赖较强，即知识溢出的强度与空间距离呈反比（Rosenthal&Strange，2003）。除此之外，创新活动的空间集聚性还与区域特征有紧密关系，比如组织、制度、技术、人际关系等也发挥着重要作用，也就是说创新活动具有很强的本地根植性（孙瑜康等，2017）。这种空间集聚性与本土根植性一起形成了区域创新体系。区域创新体系可以整合、优化区域内创新资源，依托特有经济、制度和文化网络形成联系密切的区域性组织体系。组织内的不同创新主体通过更加便捷的相互交流与集体学习推动知识快速扩散以及持续地激励创新的发生，并最终形成连锁反应机制。对产业技术升级而言，由于创新溢出使得创新从企业创新扩散到产业创新，从单个产业创新扩散到产业集群创新，从而推动整个区域产业结构升级，提升产业竞争力。

（四）区域创新体系建设可以有效增强区域竞争力

当前，全球竞争日益以区域竞争为代表，特别是在推动经济结构战略调整，实现跨越式发展方面，区域经济扮演着重要角色。因此，如何有效、快速增强区域竞争力则成为地方政府的首要任务。关于区域竞争力的内涵，世界经济论坛和国际管理学院曾于20世纪90年代给出一个相对权威的界定，即所谓区域竞争力就是一个地区在竞争与发展过程中较其他地区所特有的吸引、争夺、拥有、控制和转化资源的能力，是决定一个经济体生产力水平的制度、政策以及其他要素的集合（卢启程等，2011）。党的十九大报告曾指出，创新是引领发展的第一动力，是建设现代化经济体系的战略支撑。国内外许多学者都对创新与经济发展之间的影响效应进行过深入研究，并普遍认同创新对经济增长有正向影响的结论。而经济增长水平是衡量区域竞争力的重要指标，因此，创新发展对区域竞争力提升有重要作用。目前，我国区域经济增量中依靠高新技术项目拉动的比例明显偏低，经济增长呈现出典型的投资拉动型特征，经济增长的内生力严重不足，缺乏自主创新的有力支撑，使经济发展后劲受阻。而创新体系建设对区域经济发展有很强的带动力。

一般来讲，创新体系是将地理位置相近、产业相关、文化相同的区域形成创新活动的网络构架，以此促进区域创新并提升区域竞争力。区域创新体系作为一个网络系统，其直接目的是提高区域科技创新能力，最终增强区域竞争力，加快区域经济的发展。具体表现在如下几个方面。

一是推进创新体系建设，有利于创新资源的优化配置，有利于创新要素的整合集成，提高创新效率，降低创新成本，使创新活动得到更加有效的体制和政策保障，得到更加全面和及时的服务与支撑。

二是完善而又充满活力的创新体系可以最大限度地提高创新效率，降低创新成本，使创新所需的各种资源得到有效的整合和利用，各种知识和信息得到合理的配置和使用，各种服务得到及时全面的供应。

三是一个区域经济的快速发展和经济增长质量的提高，需要依托创新体系的不断开拓，寻找区域经济的新增长点来带动整个区域经济的增长，提高区域竞争能力。四是区域创新体系可以提高企业对先进技术的消化和吸收能力，还有利于逐步提高企业自主创新的能力，其结果是区域内高新技术产品不断增加和创新技术不断扩散，进而形成更大规模的经济增长效应。

加强区域创新体系建设，不但是提高区域创新能力、增强区域竞争力的根本途径，也是把国家目标与区域发展结合起来，提高国家整体创新能力和竞争力，大力推进和完善国家创新体系建设的重要任务。因此，构建创新体系是大幅度提升区域竞争力的根本途径。

三、不断完善区域创新体系的思路

（一）完善区域创新体系的原则

构建区域创新体系可以有助于健全和完善国家创新体系，提高区域创新能力，推动产业技术升级，增强区域竞争力。但创新体系的地域性、多元性、网络性、政策性决定了区域创新体系建设的复杂性、多维性、系统性。因此，完善区域创新体系需要遵循一些具有指向性、共通性、基础性的原则。

1. 分类指导的原则

区域创新体系是和特定地区资源紧密相关，反映了一定区域内创新主体遵守共同合作规范、在相互依赖和相互作用中开展创新活动，这就使得区域创新体系具有社会文化根植性，决定了基于不同资源基础而形成的创新体系有不同的模式。有研究指出，因经济文化资源差异性所致创新活动具有不同的起点、内容和途径，即区域创新体系具有不同类型，比如从产业维度划分，硅谷的信息技术研究开发与制造、加利福尼亚的多媒体产业、新加坡的国际商务（龚荒、聂锐，2002）；从发展潜力划分，强发展潜力的德国巴符州、中等潜力的荷兰布拉、低发展潜力的波兰下西里西亚（谢庆红、黄莹，2010）。因此，完善区域创新体系的首要原则就是要从特定区域自身实际出发，选择切合该区域实际的发展模式。

2. 自主创新与对外开放相结合原则

根据系统论的观点可知不存在一个完全封闭的系统，任何有机系统都是在与外界不断交流中发展壮大，即系统具有开放性，对外开放是系统的生命（陆雄文，2013）。区域创新体系作为一类系统具有开放性特点。与此同时，不同创新体系的发展成熟程度不同，彼此之间存在势差，体系之间有资源流动的需求和可能性。这就决定了我们在建设完善区域创新体系过程中充分利用这种开放性特点，坚持对外开放，要加强不同创新体系之间的合作与交流。一方面鼓励创新体系内各创新主体积极主动参与区际、国际竞争合作；另一方面不断吸引体系外创新资源参与创新体系建设，促进发达区域与欠发达区域之间协调发展，缩小区域之间的差距（龚荒、聂锐，2002）。除此之外，现实世界存在着诸多边界壁垒影响了创新要素的高效、自由流动，比如美国为维持其世界霸主地位对崛起的中国发起种种制裁，特别是在科技创新领域频频祭出"卡脖子""实体清单"等手段，这就促使我们在建设完善区域创新体系过程中要将自立自强作为战略支撑，走自主创新道路。综上，建设完善区域创新体系的重点原则就是要坚持自主创新与对外开放相结合。

3. 市场机制与政府引领相结合原则

毋庸W置疑，市场配置资源是最有效率的形式。我国确立、实施中国特色社会主义市场经济体制进程就是对市场在资源配置中的地位作用的认识不断深化的过程，即从"基础性作用"到"决定性作用"转变。这种转变充分反映出我们党对政府与市场关系更加明确的定位，是重大的理论突破（许经勇，2013）。区域创新体系建设就是要整合各类创新资源并对其进行优化配置以提高科技创新效率、增强创新水平和区域竞争力，因此，需要发挥市场机制在配置科技资源、驱动创新方面的决定性作用。另一方面，区域创新体系建设离不开政府的引领作用，原因在于，政府也属于创新主体，对构建区域创新体系发挥主体要素作用，要为创新活动顺利开展提供必要的基础设施，营造公平公正的创新环境，创造有利创新的法制、制度环境。因此，建设完善区域创新体系需要市场机制与政府引领相结合。

4. 与国家创新体系建设有机衔接原则

从狭义角度来说，区域创新体系是国家创新体系的子系统，两者之间既有联系又有区别。一方面，区域创新体系和国家创新体系在要素主体构成、体系形成发展、基本利益目标实现等方面具有一致性联系，区域创新体系是国家创新体系的区域化体现，而国家创新体系是通过区域创新来实现国家创新总体目标；另一方面，区域创新体系与国家创新体现在创新要素构成层次边界、体系功能、活动定位等方面存在差异（杨忠泰，2006）。据此说明，区域创新体系建设完善离不开国家创新体系这个大背景。特别是党的十九届五中全会已明确指出，未来一段时期内，我国将不断完善国家创新体系，加快建设科技强国，推动我国进入创新型国家前列。这就要求区域创新体系建设既要以国家创新政策为导向，服从国家创新体系建设的总体目标，又要充分考虑本区域独有的差异与特色，建设完善符合本区域特点的创新体系。

（二）完善区域创新体系的措施

对于如何提升区域创新能力，也有一些学者尝试提出相关政策建议。金高云（2009）认为要提升区域创新能力可以从三个方面入手，首先应构建完善的技术创新服务体系，即区域创新环境；其次加强区域间的技术创新合作，通过深化经济体制改革，确立企业创新的主体地位；最后合理配置科技资源和加强政策支持，促进区域技术创新体系的发展以提高落后地区的区域创新能力。柳卸林等（2021）认为提升区域创新能力主要在于改革的快慢以及经济的市场化水平；技术创新的良好环境；对外开放、吸引外资；因地制宜地推动区域创新体系建设；不同模式以及企业成为技术创新的主体。由于区域创新体系发展和完善是逐步渐进的复杂过程，需要进行综合、系统考虑。

1. 发挥政府主导作用，打造良好制度环境

在区域创新体系建设过程中，政府相比于高校、科研机构等其他主体有着更为特殊的地位和作用。对此，不少学者进行过深入研究。Cooke（2003）认为政府在区域创新体系建设中从三个维度制定政策：发展规划、长期创新战略以及企业创新活动空间范围。吴贵生等（2002）对北京区域技术创新体系研究中发现政府发挥着组织领导、建设支撑服务体系、引导和配置资源、营造环境和协调服务等多重作用。由此可以判断，政府既是区域创新体系的规划者、设计者、主导者，也是创新体系的直接参与者；既是区域创新的主体，也是创新的对象（李虹，2004）。因此，地方政府在建设区域创新体系过程要根据国家发展战略和本区域基础、特色制定区域创新体系建设规划，加强组织领导，制定好区域创新体系的建设规划和政策法规，建立推动区域创新的政策体系、加快科技体制改革，营造良好的制度环境，通过科技体制改革，优化科技力量布局和科技资源配置。

2. 加强高校、科研机构知识创造、知识传播能力

高校、科研机构是科技创新的供给者，是知识的生产者，为国家创新发展提供了源动力。2020年，习近平总书记在科学家座谈会上讲话中曾指出，当前我国面临的很多"卡脖子"技术问题，根子是基础理论研究跟不上，源头和底层的东西没有搞清楚。这就需要高校、科研机构在基础研究、原始创新方面继续凝神聚力。建设区域创新体系核心目的是增加区域创新能力和水平，高校、科研机构作为知识创造和知识传播的主体在区域创新体系中有着重要作用。主要表现在如下几个方面（孙希波，2009）：一是解决区域重大科技问题的主力军；二是区域创新所需科技人力资源的主要培养者；三是区域先进社会文化的引领者。

因此，加强高校、科研机构知识创造、知识传播能力可从几个方面入手。

首先，要明确高校、科研机构在区域创新体系中的定位。不同于国家层

级的高校科研机构，区域高校、科研机构主要服务于区域创新发展战略和创新目标，在学科建设、专业设置、课程设计上要主动融入区域创新体系，满足区域创新体系提出的要求。

其次，根据区域特点加大在基础研究方面的投入力度和投入强度。基础研究是增强国家战略科技力量的重要抓手，区域发展同样离不开基础研究支撑，鉴于当前存在的东部优于中西部的区域差距问题，未来需要在经费、人才、政策等方面进行合理分配，省域之间应加强协同合作，集中力量聚焦国家重大需求，体现国家发展战略目标与导向（欧阳峤峤等，2020）。

最后，加强创新人才培养和队伍建设。深化科技管理体制改革，完善对教师、科研人员的分类评价机制和激励机制，鼓励引导教师、科研人员开展服务地方经济社会发展的应用基础型研究，加快落实将具有较强经济效益的应用性成果列入评价激励体系的政策措施。立足区域创新体系，探索与区域创新要求相适应人才培养模式，建立与企业共享人才的机制，培养创业式人才。

3. 推进产学研合作创新

众所周知，科学研究和科技创新的终极目标是推动人类认识客观世界的边界、深度、广度，是推动人类社会经济发展，是为满足人民追求美好生活需求提供助力。这就说明，科技创新不是孤立存在的活动，而是需要与社会经济现实紧密相连。特别是我国进入新发展阶段、构建新发展格局的时代背景下，科技创新要面向世界科技前沿、面向经济主战场、面向国家重大需求、面向人民生命健康。建设区域创新体系是为提升区域创新能力和区域竞争力，更需要科技创新与产业发展紧密相连，而产学研合作则提供了有效载体。因此，产学研合作既是区域创新体系的基本组成，也是区域内科技资源优化配置、科技成果转移转化的有效途径。鉴于此，推进产学研合作创新的首要策略就是强化企业创新主体地位，提升企业技术创新能力；重点解决好产学研合作中的利益分配问题，使利益分配达到科学化、规范化、制度化；建立完善科技成果技术市场，充分发挥市场配置资源的决定性作用；以科技计划改革为契机，围绕企业迫切需要解决的生产技术问题制定年度计划，实

施技术创新项目，更多将经济效益、能否产业化纳入衡量科研成果的项目评
价标准。

4. 坚持循序渐进推进区域创新区域创新体系的发展和完善一般是逐步渐
进的复杂过程，这一演进过程是从低级到高级、简单到复杂的运行过程，一
般表现为三个递进过程：企业创新、产业创新到区域创新。

第一，企业创新。纵观区域创新体系中的各个创新主体或要素，可以说
企业创新是区域创新体系运行过程中最为核心的过程。因为一切创新活动最
终都要落实到企业的市场行为中来，企业是区域创新体系最重要的创新主
体，是创新效果的最终体现者。正如党的十九届五中全会所通过的《国民经
济和社会发展第十四个五年规划和二〇三五年远景目标的建议》中提出的要
强化企业创新主体地位，促进各类创新要素向企业集聚会。企业创新是企业
利用新的生产要素或新的生产工艺，在与外部环境相互作用的基础上，利用
生产要素与生产条件的重新组合，重新组织生产流程、开辟新市场，或形成
新商业模式的一系列生产、营销活动的综合过程，因此，企业创新是区域创
新体系的核心内容和关键指标，也是区域创新体系运行的重要表现。从某种
意义上来说，区域创新体系运行发展的最终目标，就是能够拥有一大批不断
开展创新活动的创新型企业，并能吸引和集聚大批极具创新能力的企业家和
创新人才。

第二，产业创新。产业创新是指在全球化和经济一体化背景下，通过企
业创新的深化和推动，由地缘优势、产业分工和技术创新而引起的企业集
聚、产业转型和经济结构调整，其实质是产业结构的升级和转型。面对激烈
的市场竞争和内外部的挑战，不断提高区域产业或产业链的知识含量、技术
含量，促进区域产业结构的调整和升级是区域创新体系的主要功能之一。提
供高新技术服务，推动知识产权保护和维权，促进区域内的主要产业成为知
识或技术含量较高的产业，是区域创新体系运行发展的重要目标。因此，区
域创新体系运行过程也表现为区域产业创新的过程，即不断提高产业创新能
力的过程。

第三，区域创新。区域创新体系的运行过程本身也表现为一种创新，即

不断设计、创造、落实适宜区域创新条件的过程。区域创新的主要内容包括建立和完善区域创新主体之间协同创新的网络资源、积极提供创新主体需要的各类资源（如物质资源、人才资源、金融资源、信息资源、基础设施等）及优化创新环境（如创新文化环境、创新市场环境）等。区域创新的实质是建立和完善区域条件，推动区域技术创新、企业创新和产业创新。

以上三个过程是层层递进的关系，首先是企业创新推动或带动产业创新，产业创新再推动区域创新，但同时反过来，区域创新又会服务于产业创新和企业创新。可以认为，区域创新体系是企业创新、产业创新和区域创新三大子系统相互关联、相互交融而形成的一个大的集成体系。

5. 大力发展科技中介服务支撑体系

科技中介组织是指为科技创新主体企业、高校、研究机构等各类社会主体提供社会化、专业化服务，以支撑科技创新活动和促进科技成果产业化的机构（马松尧，2004）。由于现代科技创新活动的复杂性、科技成果转移的高成本、多环节以及创新网络的不断完善和发展，单纯依靠高校科研机构或企业进行独立创新已经不太现实，为了实现创新体系中各个主体在创新行为上的互动和协同，科技中介服务机构通过联结不同利益主体而发挥着桥梁和纽带作用（陈蕾、林立，2015）。一般来讲，科技中介机构作为区域创新体系的重要主体可以促进政府与企业、高校等创新主体之间的良好沟通和良性互动，并通过提供综合服务助力市场发挥对科技资源配置的决定性作用，协调推进区域创新体系建设（马松尧，2004）。

因此，要努力营造适合科技中介服务组织发展的法律、政策环境，完善科技市场制度体系，加强科技中介机构信用体系建设，加快确立经营性、服务性中介机构的市场地位；加大对科技中介服务组织的基础设施建设投入力度，利用现代信息手段搭建公共信息平台、技术交易机构、科技企业孵化器等；鼓励社会力量进入科技中介服务领域，创建分工合理的科技中介服务体系、功能齐全的中介经营体系、产学研协同参与的技术信息服务体系（孙志芳，2013）；通过吸引、教育培训、内引外联等手段加快科技中介机构人才队伍建设与培养，不断壮大科技中介机构队伍。

参考文献

[1]张玲著.区域企业孵化网络科技资源配置效率研究[M].北京：经济管理出版社.2019.

[2]周振华，张广生著.全球城市发展报告2019增强全球资源配置功能[M].上海：上海人民出版社.2019.

[3]周寄中著.科技资源论[M].西安：陕西人民出版社.1999.

[4]江勇著.基于系统动力学的地热产业发展财税政策模拟与选择[D].中国地质大学（北京）.2020.

[5]何盛明著.财经大辞典[Z].北京：中国财政经济出版社.1990.

[6]王书华，申玉铭著.我国科技创新资源空间分布与区域创新特征研究[M].北京：科学技术文献出版社.2019.

[7]王海博，郭丽华，李乐著.科技创新与产业结构优化升级[M].沈阳：辽海出版社.2019.

[8]戚涌著.科技资源市场配置理论与实证研究[M].北京：科学出版社.2018.

[9]盖文启著.创新网络——区域经济发展新思维[M].北京：北京大学出版社.2002.

[10]田帆，范宪伟著.科技资源及其对经济社会发展影响的评价[M].北京：新华出版社.2018.

[11]华青松，周琼琼著.科技资源配置对技术创新能力的影响研究[M].成都：西南交通大学出版社.2017.

[12]李虹著.政府在区域创新体系建设中的地位与作用分析[D].天津大学.2004.

[13]赫运涛，吕先志著.基于公共服务的科技资源开放共享机制理论及实证研究[M].北京：科学技术文献出版社.2017.

[14]樊轶侠著.科技财政从理论演进到政策优化[M].北京：中国金融出版社.2017.

[15]玄兆辉著.区域创新模式选择的理论方法与实证研究[M].北京：科学技术文献出版社.2016.

[16]马治国，翟晓舟，周方著.科技创新与科技成果转化促进科技成果转化地方性立法研究[M].北京：知识产权出版社.2019.

[17]周国红著.基于科技型中小企业群的区域经济竞争力提升研究[D].浙江：浙江大学.2004.

[18]陆雄文著.管理学大辞典[M].上海：上海辞书出版社.2013.

[19]顾新著.区域创新系统论[M].成都：四川大学出版社.2005.

[20]高峰，贾蓓妮，赵绘存著.科技创新政策过程研究[M].北京：知识产权出版社.2018.

[21]王仁祥，杨曼著.科技创新与金融创新耦合机理、效率及模式研究[M].北京：中国金融出版社.2018.

[22]王鸣涛著.科技创新能力与知识产权实力评价研究[M].北京：科学技术文献出版社.2018.

[23]徐义国著.现代金融与科技创新协同发展的制度逻辑[M].北京：经济日报出版社.2018.

[24]刘国柱著.创新集群建构的理论、路径和方法研究——以南京军民两用科技示范园为例[D].江苏：南京理工大学.2010.

[25]吴伟著.创新体系与创新战略[M].北京：现代教育出版社.2019.

[26]张玉华著.企业技术创新体系及创新制度[M].合肥：中国科学技术大学出版社.2018.

[27]李强，祝志福，陈璞，江迪著.产学研一体化区域创新体系研究[M].北京：华龄出版社.2018.

[28]刘志华著.区域科技协同创新绩效的评价及提升途径研究[D].长沙：湖南大学.2014.

[29]李微微著.基于演化理论的区域创新系统研究[D].天津大学.2006.

[30]布朗温·H·霍尔.内森·罗森伯格主编.创新经济学手册（第一卷）[M].上海：上海交通大学出版社.2017.

[31]安纳利·萨克森宁著，曹莲等译.地区优势：硅谷和128公路地区的文化与竞争[M].上海：上海远东出版社.2000.

[32]阿尔弗雷德·韦伯著，李刚剑等译.工业区位论[M].北京：商务印书馆.2010.

[33]迈克尔·波特著，陈丽芳译.竞争战略[M].北京：中信出版社.2014.

[34]G·尼科里斯，I·普利高津著，罗久里、陈奎宁译.探索复杂性[M].成都：四川教育出版社.2010.

[35]查尔斯·埃斯奎斯特.创新系统：观点与挑战[A].詹·法格博格，戴维·莫利，理查德·纳尔逊.牛津创新手册[C].北京：知识产权出版社.2009.

[36]克利斯·弗里曼，罗克·苏特著，华宏勋译.工业创新经济学[M].北京：北京大学出版社.2004.

[37]杨丽娟.我国科技人力资源现状与问题研究[D].合肥：合肥工业大学.2007.

[38]陈力.我国人才流动宏观调控机制研究[M].北京：中国人事出版社.2011.

[39]赵昌文，陈春发，唐英凯.科技金融[M].北京：科学出版社.2009

[40]和瑞亚.科技金融资源配置机制与效率研究[D].哈尔滨：哈尔滨工程大学.2014.

[41]陈冠英.我国科技金融资源配置分析[D].北京：中共中央党校.2012.

[42]卡萝塔·佩蕾丝著，田方萌等译.技术革命与金融资本[M].北京：中国人民大学出版社.2007.

[43]丹尼尔·S·格林伯格著，李兆栋、刘健译.纯科学的政治[M].上海：上海科学技术出版社.2020.

[44]陈立.大型科学仪器资源配置理论方法与实证研究[D].北京：北京交通大学.2015.

[45]李美楠.科技基础条件资源配置效率评价及共享模型研究[D].北京：北京交通大学.2017.

[46]陈劲，王焕祥.创新思想者：当代十二位创新理论大师[M].北京：科学

出版社.2011.

[47]董志勇，李成明.国内国际双循环新发展格局：历史溯源、逻辑阐释与政策导向[J].中共中央党校（国家行政学院）学报.2020，24（05）.

[48]伍山林."双循环"新发展格局的战略涵义[J].求索.2020（06）.

[49]江小涓，孟丽君.内循环为主、外循环赋能与更高水平双循环——国际经验与中国实践[J].管理世界.2021（01）.

[50]张明.如何系统全面地认识"双循环"新发展格局？[J].辽宁大学学报（哲学社会科学版）.2020，48（04）.

[51]徐奇渊.双循环新发展格局：如何理解和构建[J].金融论坛.2020（09）.

[52]贾俊生.习近平关于新发展格局的论述[J].上海经济研究.2020（12）.

[53]黄群慧."双循环"新发展格局：深刻内涵、时代背景与形成建议[J].北京工业大学学报（社会科学版）.2021，21（01）.

[54]逄锦聚.深化理解加快构建新发展格局[J].经济学动态.2020（10）.

[55]刘伟，刘瑞明.新发展格局的本质特征与内在逻辑[J].宏观经济管理.2021（04）.

[56]许永兵.扩大消费：构建"双循环"新发展格局的基础[J].河北经贸大学学报.2021，42（02）.

[57]陈劲，阳镇，尹西明.双循环新发展格局下的中国科技创新战略[J].当代经济科学.2021，43（01）.

[58]盖文启，王缉慈.论区域创新网络对我国高新技术中小企业发展的作用[J].中国软科学.1999（9）.

[59]李国平，赵永超.梯度理论综述[J].人文地理.2008（1）.

[60]杨友孝.约翰·弗里德曼空间极化发展的一般理论评介[J].经济学动态.1993（07）.

[61]赵黎明，李振华.城市创新系统的动力学机制研究[J].科学学研究.2003（01）.

[62]吕国辉，王海翔，周传蛟，农晓丹.区域创新系统构建的理论基础[J].

科技创业月刊.2010（02）.

[63]余以胜.知识学习导向的区域创新体系机理研究[J].广东科技.2015（16）.

[64]周元，王海燕.关于我国创新体系研究的几个问题[J].中国软科学.2006（10）.

[65]涂成林.国外区域创新体系不同模式的比较与借鉴[J].科技管理研究.2005（11）.

[66杜振华.印度软件与信息服务业的数字化转型及创新[J].全球化.2018（06）.

[67]蓝庆新.从印度软件产业发展看产业集群的内在经济效应[J].南亚研究季刊.2004（01）.

[68]潘金刚.我国区域创新体系构建存在的问题及调整[J].商业时代.2009（01）.

[69]李树军.科技创新系统的自组织性[J].系统辩证学学报.2004（04）.

[70]金高云.提升我国区域创新能力的构想[J].工业技术经济.2009（02）.

[71]柳卸林，杨博旭，肖楠.我国区域创新能力变化的新特征、新趋势[J].中国科学院院刊.2021，36（01）.

[72]黄志亮.论区域创新体系的内涵、构成和功能[J].重庆工商大学学报（社会科学版）.2007（06）.

[73]刘立，李正风，刘云.国家创新体系国际化的一个研究框架：功能—阶段模型[J].河海大学学报（哲学社会科学版）.2010，12（03）.

[74]任非，刘徐益.区域科技创新投入产出效率评价研究[J].武汉商学院学报.2020，34（03）.

[75]李虹.区域创新体系的构成及其动力机制分析[J].科学学与科学技术管理.2004（02）.

[76]张静，邓大胜.异质性科技人力资源集聚及影响因素研究[J].技术经济.2021，40（03）.

[77]徐爱萍，高爽.高层次创新型科技人才的内涵、特征及成长规律[J].价

值工程.2012，31（19）.

[78]陈强，颜婷，刘笑.科技创新人力资源集聚对区域创新能力的影响[J].同济大学学报（自然科学版）.2017，45（11）.

[79]武忠远.关于农业科技人才分类的探讨[J].农业经济.2006（06）.

[80]程岳，王选华.关于建立高层次人才分类标准的思考——以中关村为例[J].中国人才.2013（23）.

[81]张欣，贾永飞，宋艳敬，赵滨.创新链视角下科技人才分类评价指标体系构建研究[J].科学与管理.2020，40（06）.

[82]彭冰，李晓东.高新技术企业科技人力资源业绩评价研究[J].吉林省经济管理干部学院学报.2016，30（01）.

[83]包小忠，刘研化.人力资本产权的概念、构成、属性剖析[J].中共贵州省委党校学报.2009（02）.

[84]何耀明.论企业高技能人力资本价值构成与计量[J].益阳职业技术学院学报.2010（09）.

[85]黄永军.人才流动的饱和度趋衡论[J].科学管理研究.2001（05）.

[86]彭定新.高校教师人力资源配置的理论指导[J].管理观察.2014（15）.

[87]王爱华.从帕累托最优视角看人力资源管理效益提升[J].中共太原市委党校学报.2010（03）.

[88]雷睿勇，罗敏，邹吉鸿.对我国科技资源配置效率评价方法的述评[J].山地农业生物学报.2004（05）.

[89]师萍，李垣.科技资源配置有效性的DEA分析模型[J].中国科技论坛.2000（05）.

[90]王飞飞，张生太，张聚良，韩金.美、日、德等发达国家人才资源开发与管理政策启示[J].领导科学.2017（08）.

[91]高丹.高层次创新型科技人力团队形成模式及建设机制探析[J].人事天地.2014（11）.

[92]李国志，赵又晴.高层次人才及人才环境建设[J].中小企业管理与科技.2013（04）.

[93]马希良，刘弟久.对建立科技金融市场的构想[J].科学管理研究.1988（04）.

[94]杨晓燕.基于公共物品性质的我国科技创新能力经济学分析[J].商业时代.2011（18）.

[95]王亚民，朱荣林.欧洲风险投资业发展历史、现状及趋势——基于现代产业组织理论SCP框架分析[J].世界经济研究.2003（01）.

[96]梁鹏，滨田康行.日本风险投资的新发展及其对我国的启示[J].科技进步与对策.2008（06）.

[97]万伦来，丁涛.麦克米伦缺口的"U型"演变趋势：理论与实证研究[J].经济学动态.2011（12）.

[98]刘书博，刘玥利.科技型中小企业融资中的政府担保研究[J].中国中小企业.20220（04）.

[99]王宏起，徐玉莲.科技创新与科技金融协同度模型及其应用研究[J].中国软科学.2012（06）.

[100]耿宇宁，周娟美，燕志鹏，刘玉强.科技金融发展能否促进中小制造业企业技术创新？——基于中介效应检验模型[J].科技和产业.2020，20（06）.

[101]郭燕青，李海铭.科技金融投入对制造业创新效率影响的实证研究——基于中国省级面板数据[J].工业技术经济.2019，38（02）.

[102]李瑞晶，李媛媛，金浩.区域科技金融投入与中小企业创新能力研究：来自中小板和创业板127家上市公司数据的经验证据[J].技术经济与管理研究.2017（02）。

[103]张玉喜，段金龙.科技创新的公共金融支持机理研究[J].求是学刊.2016（09）.

[104]褚怡春，杨永华，高翔.重大科技基础设施建设对提升高校创新能力的作用[J].中国高校科技.2017（05）.

[105]王婷，蔺洁，陈凯华.面向2035构建以重大科技基础设施为核心的基础研究生态体系[J].中国科技论坛.2020（08）.

[106]彭洁，涂勇.基于系统论的科技基础设施概念模型研究[J].科学学与科学技术管理.2008（09）.

[107]陈套.大科学装置集群效应及管理启示[J].西北工业大学学报.2015，35（01）.

[108]吴澄.大型科学仪器设备资源的建设与整合[J].中国科技成果.2010（15）.

[109]王贻芳，白云翔.发展国家重大科技基础设施引领国际科技创新[J].管理世界.2020，36（05）.

[110]郜媛莹，乔黎黎，陈锐.国家重科技基础设施运行管理现状评估——以同步辐射光源为例[J].全球科技经济瞭望.2018（10）.

[111]葛焱，邹晖，周国栋.国家重大科技基础设施的内涵、特征及建设流程[J].中国高校科技.2018（03）.

[112]朱鹏舒.国家重大科技基础设施的发展规律、现状问题和展望[J].中国工程咨询.2017（03）.

[113]陈光.大科学装置的经济与社会影响[J].自然辩证法研究.2014（04）.

[114]李泽霞，魏韧，曾钢，郭世杰，董璐，李宜展.重大科技基础设施领域发展动态与趋势[J].世界科技研究与发展.2019，41（03）.

[115]徐文超，艾轶博.重大科技基础设施建设的战略意义[J].中国高校科技与产业化.2011（01）.

[116]柯妍.大科学装置等重大基础设施对国家创新体系建设的重要作用[J].科学智囊.2018（01）.

[117]刘云，陶斯宇.基础科学优势为创新发展注入新动力——英国成为世界科技强国之路[J].中国科学院院刊.2018，33（05）.

[118]樊潇潇，李泽霞，宋伟，吕琨.德国重大科技基础设施路线图制定与启示[J].科技管理研究.2019，39（08）.

[119]李宜展，刘细文.国家重大科技基础设施的学术产出评价研究：以德国亥姆霍兹联合会科技基础设施为例[J].中国科学基金.2019，33（03）.

[120]吴淼，张晓云，郝韵，贺晶晶，王丽贤.俄罗斯重大科技基础设施建

设状况研究[J].西伯利亚研究.2015，42（02）．

[121]刘娴真.俄罗斯科研基础设施开放共享评价考核体系[J].全球科技经济瞭望.2018，33（05）．

[122]孙莹，赵凌飞.日本科技资源的开发与利用研究今日财富（金融发展与监管）[J].2011（11）．

[123]袁伟，范治成.大型科学仪器中心对科技创新影响因素分析[J].中国科技资源导刊.2018（11）．

[124]王卷乐，彭洁，陈冬生，赵辉，赵伟.科技创新能力及其与科技基础设施关系的研究[J].中国基础科学.2007（06）．

[125]李平，黎艳.科技基础设施对技术创新的贡献度研究——基于中国地区面板数据的实证分析[J].研发与发展管理.2013，25（06）．

[126]段福兴，李平，黎艳.我国科技基础设施的指标构建及评价研究[J].华东经济管理.2015（07）．

[127]潘雄峰，韩翠翠，李昌昱.科技基础设施投入与技术创新的交互效应[J].科学学研究.2019（07）．

[128]李平，黎艳，李蕾蕾.科技基础设施二次创新效应的差异性分析[J].科学学与科学技术管理.2014（12）．

[129]林卓玲，梁剑莹.基础研究、科技基础设施与区域专利产出——基于省域高校面板数据的实证分析[J].技术与创新管理.2019，40（05）．

[130]李强，韩伯棠，李晓轩.知识生产函数研究与实践述评[J].经济问题探索.2006（01）．

[131]丁厚德.科技资源配置的战略地位[J].哈尔滨工业大学学报（社科版）.2001（01）．

[132]王丽芳，赫运涛.我国科技基础条件资源区域发展评价研究[J].科技和产业.2019（04）．

[133]石蕾，鞠维刚.我国重点科技基础条件资源配置的现状与对策[J].科学管理研究.2012，30（04）．

[134]李立威，陶秋燕.我国科技基础设施的空间分布、运行效率及区域差

异性评价研究[J].科技促进发展.2019（04）.

[135]范斐，杜德斌，李恒，游小珺.中国地级以上城市科技资源配置效率的时空格局[J].地理学报.2013（10）.

[136]李美楠，吕永波，任远，刘建生.我国科技基础条件资源配置效率研究——以大型科学仪器资源为例[J].中国科技资源导刊.2016，48（06）.

[137]卢明纯，蒋美仕，张长青.国内外科技基础条件平台建设研究现状及展望[J].江西社会科学.2010（08）.

[138]冯伟波，周源，周羽.开放式创新视角下美国国家实验室大型科研基础设施共享机制研究[J].科技管理研究.2020，40（01）.

[139]程如烟，许诺，蔡凯.中美研发经费投入对比研究[J].世界科技研究与发展.2018，40（05）.

[140]连燕华，石兵，刘学英，马晓光.国家科学技术投入与产出评价[J].中国软科学.2002（01）.

[141]卢跃东，沈圆，段忠贤.我国省级行政区域财政科技投入产出绩效评价研究[J].自然辩证法通讯.2013.35（05）.

[142]王庆金，王强，李姗姗.高校科技创新投入产出效率评价研究——基于"政产学研金服用"视角[J].管理现代化.2018（05）.

[143]原帅，何洁，贺飞.世界主要国家近十年科技研发投入产出对比分析[J].科技导报.2020，38（19）.

[144]曹琴，玄兆辉.中国与世界主要科技强国研发人员投入产出的比较[J].科技导报.2020，38（13）.

[145]吴和成，郑垂勇.科技资源配置的DEA分析[J].科技进步与对策.2004（07）.

[146]谢友才.基于典型相关分析的科技投入产出效率[J].统计与决策.2005（03）.

[147]周静，王立杰，石晓军.我国不同地区高校科技创新的制度效率与规模效率研究[J].研究与发展管理.2005（01）.

[148]李思瑶，王积田，柳立超.我国高校科技投入产出效率区域差异研究

[J].科学管理研究.2016，34（04）.

[149]张前荣.我国省域科技投入产出效率的实证分析[J].南京师大学报（社会科学版）.2009（01）.

[150]刘兰剑，滕颖.提高科技创新水平依靠技术效率还是规模效应？——来自中国与OECD国家的测度研究[J].科学学与科学技术管理.2020（07）.

[151]崔馨予，罗守贵.科技型企业的科技投入产出及其盈利能力的关系研究[J].科技与经济.2013（05）.

[152]黄铁夫.科技成果转化的内涵与界定之管见[J].科技成果纵横.1995（03）.

[153]巨乃岐.科技成果转化的内涵、核心与实质[J].科技管理研究.1998（05）.

[154]贺德方.对科技成果及科技成果转化若干概念的辨析与思考[J].中国软科学.2011（11）.

[155]孟庆伟.我国科技成果向生产力转化的问题[J].科技管理研究.1993（01）.

[156]李安云.科技成果转化的问题及及对策研究[J].科技进步与对策.1996，13（04）.

[157]罗建，史敏，彭清辉，毛珊瑛.核心利益相关者认知差异视角下高校科技成果转化问题及对策研究[J].科技进步与对策.2019，36（13）.

[158]沈意文.高校科技成果转化新问题与对策再思考[J].科技管理研究.2011，31（13）.

[159]尹岩青，李杏军.国防科技成果转化的现状与问题研究[J].科学管理研究.2017，35（05）.

[160]万劲波，赵兰香.科技成果转化是高风险的创新活动[J].科技导报.2014，32（12）.

[161]陈红喜，关聪，王袁光曦.国内科技成果转化研究的现状和热点探析——基于共词分析和社会网络分析视角[J].科技管理研究.2020（07）.

[162]汤姆·库克著、杨世忠译.大学科技成果转化的牛津模式[J].经济与管

理研究.2006（09）.

[163]李晓慧，贺德方，彭洁.英国促进科技成果转化的政策及经验[J].科技与经济.2016（04）.

[164]王金龙，沈丽娜，王明秀.国外科技成果转化的成功经验及启示分析[J].生产力研究.2017（12）.

[165]李晓慧，贺德方，彭洁.日本高校科技成果转化模式及启示[J].科技导报.2018（02）.

[166]张福增，高美蓉.试论高校科技成果转化的模式[J].山西大学学报（哲学社会科学版）.1998（04）.

[167]罗林波，王华，郝义国.等高校科技成果转移转化模式思考与实践[J].中国高校科技.2019（10）.

[168]陆致成，高亮华，徐林旗.知识经济时代的创新孵化器——清华同方的技术创新模式及其典型案例分析[J].清华大学学报（哲学社会科学版）.2000（05）.

[169]帅相志，贺玉梅，刘国涛.山东科技成果转化模式探析[J].科研管理.1998，19（06）.

[170]杨京京，刘明军.高校科技成果转化机制研究精读收藏[J].科技管理研究.2005（08）.

[171]董超，刘玉国，宋微，史琳.基于过程分析的科技成果转化激励机制研究[J].现代情报.2014，34（07）.

[172]李浩宾.泛珠江三角洲区域科技资源配置效率综合评价——基于遗传投影寻踪方法[J].科技进步与对策.2009，26（06）.

[173]边慧夏.长三角科技资源配置效率的时空分异研究[J].资源开发与市场.2014，30（02）.

[174]陶富，刘静.区域科技资源配置效率及影响因素研究——以京津冀城市群为例[J].技术经济与管理研究.2021（02）.

[175]梁林，李青，刘兵，曾建丽.中国科技资源配置效率空间结构变迁研究[J].统计与决策.2020（08）.

[176]章培军，陈恒.基于数据包络分析的我国科技创新资源配置效率研究[J].科技促进发展.2020，16（11）.

[177]张海波，郭大成，张海英."双一流"背景下高校科技创新资源配置效率研究[J].北京理工大学学报（社会科学版）.2021，23（01）.

[178]尹夏楠，孟杰，陶秋燕.高精尖产业科技资源配置效率动态演化研究——基于企业微观视角[J].科技促进发展.2020，16（11）.

[179]黄海霞，张治河.基DEA模型的我国战略性新兴产业科技资源配置效率研究[J].中国软科学.2015（01）.

[180]孟卫东，王清.区域创新体系科技资源配置效率影响因素实证分析[J].统计与决策.2013（04）.

[181]刘兵，曾建丽，梁林，李嫄，李青.基于DEA的地区科技人才资源配置效率评价[J].科技管理研究.2018，38（14）.

[182]王聪，朱先奇，刘玎琳，周立群.京津冀协同发展中科技资源配置效率研究——基于超效率DEA-面板Tobit两阶段法[J].科技进步与对策.2017，34（19）.

[183]岳芳敏，蔡仁达.粤港澳大湾区视角下香港科技资源配置效率分析——基于DEA-Tobit两步法模型[J].岭南学刊.2021（01）.

[184]刘玲利.中国科技资源配置效率变化及其影响因素分析：1998-2005[J].科学学与科学技术管理.2008（07）.

[185]张子珍，杜甜，于佳伟.科技资源配置效率影响因素测度及其优化分析[J].经济问题.2020（08）.

[186]周琼琼，华青松.政府及市场行为对科技资源配置与技术创新能力影响的实证研究[J].科技进步与对策.2015，32（15）.

[187]张敬川.广东科技资源优化配置的取向及其影响因素[J].南方经济.2002（06）.

[188]李石柱，李冬梅，唐五湘.影响我国区域科技资源配置效率要素的定量分析[J].北京机械工业学院学报.2003（01）.

[189]吴瑛，杨宏进.基于R&D存量的高技术产业科技资源配置效率DEA度

量模型[J].科学学与科学技术管理.2006（09）.

[190]张晓瑞，张少杰.信息化进程中科技资源配置效率区域综合评价研究[J].情报科学.2007，25（05）.

[191]刘凤朝，潘雄锋.基于Malmquist指数法的我国科技创新效率评价[J].科学学研究.2007（05）.

[192]康楠，郑循刚，母培松.基于组合评价的我国区域科技资源配置效率研究[J].华中科技大学学报（社会科学版）.2009，23（06）.

[193]尹夏楠，孟杰，陶秋燕.高精尖产业科技资源配置效率动态演化研究——基于企业微观视角[J].科技促进发展.2020，16（11）.

[194]吴丹.全球视野下中国科技投入规模演变态势分析与预测[J].科技进步与对策.2016，33（13）.

[195]胡志坚，玄兆辉，陈钰.从关键指标看我国世界科技强国建设——基于《国家创新指数报告》的分析[J].中国科学院院刊.2018，33（05）.

[196]王晓明.中关村产学研合作的三种典型模式[J].中国发展观察.2015（04）.

[197]袁志彬.以企业为核心的产学研合作模式[J].高科技与产业化.2017（06）.

[198]樊春良.建立全球领先的科学技术创新体系——美国成为世界科技强国之路[J].中国科学院院刊.2018，33（05）.

[199]葛春雷，裴瑞敏.德国科技计划管理机制与组织模式研究[J].科研管理.2015，36（06）.

[200]吴寿仁.落实科技成果转化政策的难点与对策建议[J].科技中国.2017（06）.

[201]郭英远，张胜.激励兼容的高校科技成果转化收益分配模式研究[J].科学管理研究.2018，36（04）.

[202]刘畅.基于产业发展的高校学科结构优化设计[J].中国高教研究.2011（08）.

[203]陈诗波.我国城市科技资源配置能力与经济发展相关性分析[J]..中国

科技资源导刊.2018，50（05）.

[204]梅姝娥，陈文军.我国副省级城市科技资源配置效率及影响因素分析[J].科技管理研究.2015，35（06）.

[205]付宏，毛蕴诗，宋来胜.创新对产业结构高级化影响的实证研究——基于2000—2011年的省际面板数据[J].中国工业经济.2013（09）.

[206]王春杨.我国区域特色优势产业与科技资源空间布局协同关系研究[J].科技进步与对策.2013，30（11）.

[207]叶祥松，刘敬.政府支持、技术市场发展与科技创新效率[J].经济学动态.2018（07）.

[208]姜江.技术市场发展：中国与国际对比分析[J].科技导报.2020，38（24）.

[209]石蕾.发达国家知识产权保护研究及启示[J].科技管理研究.2012，32（17）.

[210]李霄，唐任伍.国外科技中介机构发展对佛山的启示[J].生产力研究.2012（11）.

[211]李乾文.熊彼特的创新创业思想、传播及其评述[J].科学学与科学技术管理.2005，26（08）.

[212]郭淡泊，雷家骕，张俊芳，彭勃.国家创新体系效率及影响因素研究——基于DEA-Tobit两步法的分析[J].清华大学学报（哲学社会科学版）.2012（02）.

[213]张俊芳，雷家骕.国家创新体系研究：理论与政策并行[J].科研管理.2009，30（04）.

[214]陈劲.国家创新系统：对实施科技发展道路的新探索[J].自然辩证法通讯.1994（06）.

[215]雷小苗，李正风.国家创新体系结构比较：理论与实践双维视角[J].科技进步与对策.2021（06）.

[216]冯泽，陈凯华，陈光.国家创新体系研究在中国：演化与未来展望[J].科学学研究.2021（04）.

[217]孙瑜康，李国平，袁薇薇，孙铁山.创新活动空间集聚及其影响机制研究评述与展望[J].人文地理.2017，32（05）.

[218]顾新.区域创新系统的运行[J].中国软科学.2001（01）.

[219]江兵，杨蕾，杨善林.区域创新系统理论与结构模型[J].合肥工业大学学报（社会科学版）.2005，19（01）.

[220]吴晓园，许明星，钟俊娟.基于演化经济学的国家创新系统层级研究[J].技术经济与管理研究.2011（07）.

[221]谯薇.产业集群促进区域创新体系构建的对策思考[J].经济体制改革.2009（03）.

[222]杨冬梅，赵黎明，陈柳钦.基于产业集群的区域创新体系构建[J].科学学与科学技术管理.2005（10）.

[223]陈柳钦.基于产业集群的区域创新体系构建[J].新疆社会科学.2005（03）.

[224]徐永刚.产业集群与区域创新体系构建研究[J].社科纵横.2010，25（07）.

[225]刘晶.新产业区理论及其对我国科技园建设的启示[J].统计与信息论坛.2002（05）.

[226]李林，杨承川，何建洪.创意产业集群知识网络的知识流动——基于系统动力学的分析[J].重庆邮电大学学报（社会科学版）.2020，32（01）.

[227]罗雪英，蔡雪雄.日本国家创新体系的构建与启示——基于科技–产业–经济互动关系的分析[J].现代日本经济.2021（01）.

[228]吴海燕，杨武，雷家骕.国外区域创新体系最新研究现状与展望[J].科技管理研究.2011，31（05）.

[229]胡小江.区域技术创新体系动态演进一般性规律分析——基于三螺旋理论的视角[J].科技管理研究.2009，29（12）.

[230]黄燕琳.试论城市技术创新体系在新型工业化中的作用[J].经济师.2003（09）.

[231]牛欣，陈向东.城市间创新联系及创新网络空间结构研究[J].管理学

报.2013，10（04）.

[232]贺恒信，崔剑.地方政府在构建城市自主创新体系中的角色定位[J].经济问题.2006（07）.

[232]张继飞，刘科伟，刘红光，张洁.城市创新体系与创新型西安建设研究[J].城市规划.2007（09）.

[233]唐建荣.城市科技创新体系建设的政策研究[J].科技管理研究.2008（06）.

[234]刘广珠，李文明，段兴民.地方政府促进城市科技创新系统构建的策略[J].科学学研究（增刊）.2007（12）.

[235]毛艳华.区域创新系统的内涵及其政策含义[J].经济学家.2007（02）.

[236]叶明.论技术创新的社会环境[J].科学技术与辩证法.1991（02）.

[237]牛盼强，谢富纪，李本乾.产业知识基础对区域创新体系构建影响的理论研究[J].研究与发展管理.2011，23（05）.

[238]许婷婷，吴和成.基于因子分析的江苏省区域创新环境评价与分析[J].科技进步与对策.2013（04）.

[239]李淑萍.西藏区域创新环境评价指标体系构建与实证研究[J].西藏民族大学学报（哲学社会科学版）.2020（03）.

[240]牛盼强.基于产业知识基础与制度匹配的上海区域创新体系构建研究[J].科技进步与对策.2016（03）.

[241]王晓蓉.东亚和拉美创新体系的比较及其对我国的启示[J].当代亚太.2006（09）.

[242]孙艳珲，陆剑宝.创新系统的类型及其特征分析[J].科技创业月刊.2006，19（12）.

[243]张斌，黄桥生，王宏伟.区域创新体系构建模式分析[J].中原工学院学报.2004（05）.

[244]涂成林.关于国内区域创新体系不同模式的比较与借鉴[J].中国科技论坛.2007（01）.

[245]谢庆红，黄莹.区域创新体系模式综述与展望[J].经济学动态.2010

（06）.

[246]马云泽.区域产学研结合技术创新体系的要素构成[J].产业与科技论坛.2014，13（12）.

[247]杨忠泰.区域创新体系与国家创新体系的关系及其建设原则[J].中国科技论坛.2006（05）.

[248]张丽娟，石超英.韩国国家创新体系的特点及启示[J].世界科技研究与发展.2014，36（01）.

[249]刘助仁.世界各国建设和发展国家创新体系的政策与实践[J].中国科技成果.2006（14）.

[250]周艳，赵黎明.典型国家的创新体系比较研究[J].天津大学学报（社会科学版）.2020，22（06）.

[251]王溯，任真，胡智慧.科技发展战略视角下的日本国家创新体系[J].中国科技论坛.2021（04）.

[252]翟青.韩国国家创新体系对上海建设科创中心的借鉴研究[J].现代经济信息.2017（01）.

[253]贾国伟，彭雪婷.韩国创新人才培育体系及其启示[J].创新人才教育.2019（04）.

[254]柳士双.区域创新体系：国际比较及启示[J].湖北社会科学.2010（07）.

[255]张其仔."十四五"时期我国区域创新体系建设的重点任务和政策思路[J].经济管理.2020（08）.

[256]顾新.区域经济系统的内涵和特征[J].同济大学学报（社会科学版）.2001，32（06）.

[257]黄鲁成.关于区域创新系统研究内容的探讨[J].科研管理.2000，21（02）.

[258]柳卸林.区域创新体系成立的条件和建设的关键因素[J].中国科技论坛.2003（01）.

[259]胡志坚，苏靖.关于区域创新系统研究[N].科技日报.1999-10-16

（05）.

[260]顾新.区域创新系统的失灵及完善措施[J].四川大学学报（哲学社会科学版）.2001（03）.

[261]谭清美.区域创新系统的机构与功能研究[J].科技进步与对策.2002（08）.

[262]周麟，古恒宇，何泓浩.2006—2018年中国区域创新结构演变[J].经济地理.2021，42（05）.

[263]段茂盛.技术创新扩散系统研究[J].科技进步与对策.2003（02）.

[264]邵汉华，钟琪.研发要素空间流动与区域协同创新效率[J].软科学.2018，32（11）.

[265]白俊红，王钺，蒋伏心，李婧.研发要素流动、空间知识溢出与经济增长[J].经济研究.2017（07）.

[266]王曙光.互联网金融带来的变革[J].中国金融家.2013（12）.

[267]卢启程，李怡佳，邹平.国内外区域竞争力研究现状与分析[J].经济问题探索.2011（03）.

[268]龚荒，聂锐.区域创新体系的构建原则、组织结构与推进措施[J].软科学.2002，16（06）.

[269]许经勇.如何认识从"基础性作用"到"决定性作用"[N].人民日报.2013-12-06.

[270]吴贵生，王毅，王瑛.政府在区域创新技术创新体系建设中的作用——以北京区域技术创新体系为例[J].中国科技论坛.2002（01）.

[271]孙希波.地方高校在区域创新体系建设中的作用与参与机制[J].黑龙江高教研究.2009（07）.

[272]欧阳峥峥，陈云伟，杨思飞，刘小杰，熊永兰.基于多维指标的省域基础研究发展现状分析[J].世界科技研究与发展.2020，42（02）.

[273]马松尧.科技中介在国家创新系统中的功能及其体系构建[J].中国软科学.2004（01）.

[274]陈蕾，林立.我国科技中介服务机构的创新载体能力评价——创新系

统的视角[J].税务与经济.2015（03）.

[275]孙志芳.我国区域创新体系建设的困境与路径[J].中共中央党校学报.2013，17（05）.

[276]张晓玲.论我国科技资源市场化[J].软科学.1999（02）.

[277]孙宝凤，李建华.基于可持续发展的科技资源配置研究[J].社会科学战线.2001（05）.

[278]朱付元.我国目前科技资源配置的基本特征中国科技论坛.2000（02）.

[279]刘玲利.科技资源要素的内涵、分类及特征研究[J].情报杂志.2008（08）.

[280]钟荣丙.整合科技资源，促进地方科技发展[J].技术经济.2006（07）.

[281]王蓓，陆大道.科技资源空间配置研究进展[J].经济地理.2011，31（05）.

[282]刘玲利，李建华.基于随机前沿分析的我国区域研发资源配置效率实证研究[J].科学学与科学技术管理.2007（12）.

[283]丁厚德.我国新时期科技资源配置的特点与调整[J].中国科技资源导刊.2008，40（01）.

[284]沈赤，娄钰华.科技资源优化配置的路径选择及其对策[J].企业经济.2010（07）.

[285]陈喜乐，赵亮.基于自主创新的科技资源配置模式与整合机制[J].科学管理研究.2011，29（03）.

[286]董明涛，孙研，王斌.科技资源及其分类体系研究[J].合作经济与科技.2014（19）.

[287]王志强，杨青海.科技资源开放共享标准体系研究[J].中国科技资源导刊.2016，48（04）.

[288]张琦.公共物品理论的分歧与融合[J].经济学动态.2015（11）.

[289]楚永生，张宪昌.公共物品供给的动态化视角研究[J].现代经济探讨.2005（03）.

[290]张贵红，谭瑞宗，朱悦.作为公共产品的科技资源价值实现研究[J].科技进步与对策.2015，32（07）.

[291]杨继国，黄文义."产权"新论：基于"马克思定理"的分析[J].当代经济研究.2017（12）.

[292]彭华涛.区域科技资源配置的新制度经济学分析[J].科学学与科学技术管理.2006（01）.

[293]陈光，尚智丛，王艳芬.关于大型科研仪器共享问题的一个产权理论解释[J].中国基础科学.2013，15（01）.

[294]晏如松.高校科研管理的系统论视角研究[J].科技管理研究.2006（01）.

[295]杨传喜，王敬华.科技资源共享支撑体系的系统论探析[J].中国科技资源导刊.2010，42（02）.

[296]郑长江，谢富纪.科技资源共享的成本收益分析[J].科学管理研究.2009（10）.

[297]杨勇.资源共享是科技创新的基石[J].河南科技.2009（12）.

[298]刘大可.论人力资本的产权特征与企业所有权安排[J].工业企业管理，2001（08）.

[299]黄乾.人力资本产权的概念、结构与特征[J].经济学家.2000（05）.

[300]何耀明.论企业高技能人力资本价值构成与计量[J].益阳职业技术学院学报.2010（03）.

[301]Asheim B.，Michael Dunford. Regional Futures[J]. RegionalStudies. 1997，31（03）.

[302]Asheim B.T，，Coenen L.. Knowledge bases and regional innovation systems：Comaring Nordic clusters[J]. Reserach Policy，2005，34（08）.

[303]Asheim，B.T.and Isaksen，A. Location，Agglomeration and Innovation：Tow-ards Regional Innovation Systems in Norway?[J]. European Planning Studies，1997，5（03）.

[304]Camagni R. Innovation Networks Spatial Perspectives[M]. London

and Ne−w York： Belhaven Press. 1991.

[305]Chowdhury，Maung.Financial market development and the effectiveness of R&D investment： evidence fromdeveloped and emerging countries[J].Reserch in International Business and Finance，2012（26）.

[306]Cooke P，Uranga MG，Etxebarria G. Regional Systems of Innovation： An Evolutionary Perspective[J]. Environment and Planning. 1998（30）.

[307]Cooke P. The Regional Development Agency in the Knowledge Economy： Boundar−y Crossing for Innovation Systems[C]. ERSA conference papers ersa03p452，European Regional Science Association. 2003.

[308]Cooke. Strategies for Regional Innovation Systems： Learning Transfer and Application[R]. Strategic Research and Economics Branch， in United Nations Industrial Development Organization. Vienna. 2003.

[309]Doloreux.What We Should Know About Regional System of Innovation[J]. Technology in Society.2002，24（03）.

[310]ESS.Highlighting Neutron Science as Fundamental to Addressing Society's Grand Challenges，a New Consortium Takes Shape in Europe[EB/OL].

[311]Fagerberg，J.，Mowery，D.C.，&Nelson，R.R.（Eds.）. The Oxford handbook of innovation[M].Oxford university press，2005.

[312]Griliches Z.Patent statistics as economic indicators： A survey[J]. Journal of Economic Literature，1990，28（04）.

[313]Howell，Jeremy. Innovation Policy In A GlobalEconomy[M]. Cambridge University Press 1999.

[314]H−J.Braczyk，P.Cooke. M.Heidenreich，eds，Regional Innovation Systems： Designing for the Future[M]. London： UCL Press，1998.

[315]Isaksen，A. Building Regional Innovations Systems： Is Endogenous Industri−al Development Possible In The Globaleconomy?[J].

Canadian Journal of Regional Science. 2001，XXIV（01）.

[316]Nelson R. National Systems of Innovation：A Comparative study[M]. New York：Oxford University Press. 1993.

[317]Pessoa A.Ideas driven growth：the OECD evidence[J].Portuguese Economic Journal，2005，4（01）.

[318]Sharif，N..Emergence and Development of the National Innovation Systems Concept[J].Research Policy.2006，35（05）.

[319]Sappington D. Incentives in Principal-Agent Relationships[J].Journal of Economic Perspectives.1991（05）.

[320]Rosenthal S S，Strange W C. Geography，industrial organization，and agglomeration [J]. Review of Economics and Statistics，2003，85（02）.